本著作受西昌学院博士科研启动项目
——氢/氦离子对钨基材料的辐射损伤研究（YB　　　　　　　）资助

量子化学和耗散粒子动力学
在含能材料中的应用研究

张艳丽　著

西南交通大学出版社
·成　都·

图书在版编目（CIP）数据

量子化学和耗散粒子动力学在含能材料中的应用研究/
张艳丽著. 一成都：西南交通大学出版社，2024.11
ISBN 978-7-5774-0131-7

Ⅰ. ①TB34

中国国家版本馆 CIP 数据核字第 2024LX6204 号

Liangzi Huaxue he Haosanlizi Donglixue zai Hannengcailiao zhong de Yingyong Yanjiu

量子化学和耗散粒子动力学在含能材料中的应用研究
张艳丽　著

策 划 编 辑	陈 斌 胡 军
责 任 编 辑	雷 勇
封 面 设 计	墨创文化
出 版 发 行	西南交通大学出版社 （四川省成都市金牛区二环路北一段 111 号 西南交通大学创新大厦 21 楼）
发行部电话	028-87600564　028-87600533
邮 政 编 码	610031
网　　　址	http://www.xnjdcbs.com
印　　　刷	成都蜀通印务有限责任公司
成 品 尺 寸	170 mm×230 mm
印　　　张	14　　　　字　　数　260 千
版　　　次	2024 年 11 月第 1 版　印　次　2024 年 11 月第 1 次
书　　　号	ISBN 978-7-5774-0131-7
定　　　价	65.00 元

前言

1,3,5-三氨基-2,4,6-三硝基苯（1,3,5-triamino-2,4,6-trinitrobenzene, TATB）是性能良好的高能钝感炸药，以其为基的高聚物黏结炸药（Polymer-Bonded Explosive, PBX）应用十分广泛。但在以 TATB 为基的 PBX 中 TATB 与高聚物黏结剂间的黏结性不好，容易产生界面"脱黏"，较大程度地影响了炸药的综合性能，限制了其应用范围。偶联技术是改变界面"脱黏"现象的一个有效的方法，但是目前，人们对偶联剂的偶联机理认识还不足，实验选取偶联剂的方式还处在以实验探索为主的状态，亟待理论指导。

本书阐述如何运用量子化学的密度泛函理论方法，在微观尺度上研究目前被公认的 TATB 基 PBX 的较理想的偶联剂——γ-氨丙基三乙氧基硅烷（γ-Aminopropyltriethoxysilane，KH550）的水解产物与 TATB 基 PBX 中各组分分子间的相互作用，并根据混合体系的几何构型、自然键轨道分析及分子间相互作用能等，预测 KH500 的水解产物在 TATB 基 PBX 中可能存在的偶联机理。为了证实这种预测和更清楚直观地观察到 KH550 的水解产物在 TATB 基 PBX 中的作用，采用目前广泛使用的介观模拟技术——耗散粒子动力学方法在介观尺度上研究了在添加偶联剂和未添加偶联剂时 TATB 基 PBX 的介观结构形貌、粒子数密度分布及一些宏观性质等，不仅形象地展现了 TATB 与氟聚物黏结剂间的黏结机制，还为偶联剂在 TATB 基 PBX 中的作用给出了直观形象的描述。另外，氟聚物黏结剂对 TATB 的包覆性和黏结性还与在 TATB 基 PBX 造型粉的制备过程中氟聚物黏结剂在不同溶剂、不同浓度下分子链的伸展状况密切相关，故采用了耗散粒子动力学方法研究表征氟聚物黏结剂在不同溶剂、不同浓度下分子链伸展状况的两个重要参数——均方根末端距和回旋半径，从而预测氟聚物在何种溶剂、何种浓度下能够对 TATB 产生较好的润湿效果。

作为粗粒化方法，除了耗散粒子动力学方法之外，还有光滑粒子动力学方法和桥域方法。为了让读者更多地了解粗粒化方法，本书第 8 章和第 9 章介绍了光滑粒子动力学和桥域方法的基本原理、模型及求解方法等。同时，第 10 章简单介绍了软件的基本操作，以期拓展读者对粗粒化方法更广泛的认知。

本书的撰写得到了西昌学院博士启动项目（015/117281540）的资助。

限于作者水平，书中难免出现疏漏和不足之处，敬请读者批评指正。

作　者
2024 年 7 月

目 录

第 1 章 绪 论

大多数高能炸药，如黑索今、奥托今和太安等，具有黏结性差、难以单独压装以及熔点高、不能进行注装等特点。由于高分子材料具有容易生产、成型和加工容易并且具有可以容纳大量的填料等特点，利用高分子及其助剂作为黏结剂和钝感剂，可以制备既具有炸药的爆炸性又具有高分子的优良机械性能的"高聚物黏结炸药"。早在第二次世界大战后期，人们就开始研究高聚物黏结炸药。高聚物黏结炸药是以粉状的高能猛炸药为主体，加入胶黏剂、增塑剂、钝感剂等物质而成。当前，高聚物黏结炸药（Polymer Bonded Explosives，PBX）具有优异的机械强度和爆炸性能、优良的化学安定性和操作安全性、良好的耐热性以及高爆速、高猛度、高强度等特点，可广泛应用于反坦克弹、火箭和导弹的战斗部以及原子武器等尖端武器。

由于含能材料的特殊性，导致含能材料具有较高的爆炸性，危险系数较高，给实验研究带来很大不便。目前，随着计算机性能和模拟技术的迅猛发展，计算模拟技术已经在天文、地学、生物、化学、药品等领域得到广泛应用，在含能材料特别是高能混合体系的研究中得到了充分的应用和发展，成为与实验研究并行的一种重要的研究方法，具有计算机上的"实验室"之称。计算机模拟技术在含能材料领域中的应用，极大地促进了含能材料的发展，为实验研究提供了重要的参考数据和理论指导，极大地缩短了实验周期，另外，计算机模拟技术还弥补了实验研究在很多研究方面的不足；已经超前于实验研究，为含能材料的设计以及实际应用提供相应的指导。

1.1 TATB 基 PBX 的研究背景

TATB 是一种钝感、高能、低易损伤的炸药，具有极好的热稳定性和钝感性。以 TATB 为主体炸药的高聚物黏结炸药，因其优异的安全性能和力学性能被广泛地应用于各种尖端和常规武器中[1-2]。由于 TATB 独特的分子和晶体构型，其表面能极低[3-7]，难以找到与之相匹配的黏结剂。目前通常使用的黏结剂是含氟较高的氟聚合物（如氟橡胶、氟树脂等），这是因为含氟高聚物具有良好的耐热性、耐老化性和相容性[8]，且有较高的密度；又因含有氟原子，爆炸后生成 HF 并放出大量热，因此，非常适合作类似于 TATB 这样耐高温、钝感的特殊炸药的黏结剂。由于氟聚物的表面能很低，难以黏接，在 TATB 基 PBX 内容易发生"界面脱黏"现象[9]，较大程度地影响 TATB 基 PBX 的综合性能；另外，TATB 晶体在常温或热循环条件下还存在"不可逆长大"现象[10]，较大程度地限制了它的使用范围。目前，在研制高能钝感炸药方面已形成了两大研究方向：其一，研制新型的高能钝感炸药，使其感度类似于TATB，能量高于 TATB 的高能钝感炸药[11-12]；其二，对 TATB 基 PBX 进行表面改性[13]，提高它的综合性能。

1.2　TATB 基 PBX 的研究现状

目前，TATB 基 PBX 的主要研究方向是如何提高高聚物黏结剂与 TATB间的黏结性和包覆性，关系到 TATB 基 PBX 的力学性能、安全性能及爆轰性能等。另外，如果高聚物黏结剂与 TATB 间存在较好的黏结性，也有利于抑制 TATB 基 PBX 的"不可逆膨胀"现象。目前改进 TATB 基 PBX 的方法主要包括：

（1）筛选与 TATB 黏结性较好的高聚物黏结剂。为此，设计出了大量TATB 基 PBX 的配方[13-18]。目前，在 TATB 基 PBX 中广泛使用黏结剂是含氟较高的氟聚合物黏结剂。

（2）进行 TATB 基 PBX 的界面改性。目前炸药工作者采用对高聚物黏结剂"接枝术"或对 TATB 表面进行改性等来提高 PBX 的表面能。例如罗世凯等人[19-20]采用 γ 射线辐照接枝方法，在黏结剂表面接枝甲基丙烯酸甲酯、丙烯腈、苯乙烯等单体，经研究证明接枝后的氟聚物能部分改善与 TATB 的黏结性能，提高炸药的力学性能；还有研究者[21-23]采用 Ar 的低温等离子体对氟聚物进行表面接枝改性，使材料表面接触角明显变小，表面极性增强，润湿性增加，提高了氟聚物与炸药的共混性。另外，也有研究者对 TATB 表面进行改性，如王晓川等人[24]利用物理的微波和紫外光辐照方法对 TATB 粉末进行处理，结果表明高能粒子对 TATB 粉末的表面产生了"刻蚀"作用，使 TATB 颗粒表面粗糙度增大，新生表面积扩大，提高了表面的黏结性能，吸附能力增强。

（3）采用偶联技术。偶联技术对炸药本体结构基本没有破坏，对炸药的能量、爆轰性能等影响较小，因此这种方法备受炸药研究者的关注。偶联剂通常带有亲填料及亲高聚物的两种基团，对复合体系中的两相起到"分子桥"的连接作用，加入偶联剂可改善材料的表面状态和性质，增强复合体系中两相材料的界面作用，提高黏结强度。早先在 1976 年，Benziger[25]发现 DAPON-M 预聚物是 PBX-9502 较好的偶联剂。后来，Allen[26]和 Kincaid[27]等人采用不同偶联剂制备了 RDX 和 HMX 造型粉，实验结果表明，采用偶联剂能在很大程度上改变 RDX 和 HMX 的界面性质，提供它们与黏结剂的共混性，从而提高造型粉的力学性能。黄辉，王晓川等人[28]使用有机硅烷类、钛酸酯类、烷醇胺类、酰胺类、复合型 LY 的偶联剂对 HMX 进行处理，结果表明，可有效改善 HMX 晶体的表面状态，增强晶体与黏结剂之间的界面作用，提高黏结强度。姬广富等人[29]用 X-光电子能谱（XPS）、扫描电子显微镜（SEM）技术研究了 TATB 与偶联剂的界面作用，并对其作用机理进行了探讨，结果表明 γ-（2，3-环氧丙基）氧化丙基三甲氧基硅烷偶联剂可以改善 TATB 的表面状态，偶联剂通过其上的羟基与 TATB 表面硝基的作用而覆盖在 TATB 表面上；另外，活性基团-环氧基的黏合作用对氟聚物在 TATB 表面上均匀铺展起到促进作用，有助于进一步改善包覆程度，提高黏结效果。刘永刚等人[30]使用硅烷偶联剂 KH550、A151 以及复合偶联剂 LU-2 处理 TATB，其中经硅烷偶联剂 A151 和复合型偶联剂 LY-2 处理后的 TATB 表面张力及其极性分量均有所提高，这两种偶联剂的加入能改善其与氟聚物黏结剂的极性作用，提高其黏结能力。刘学涌等人[31]使用了硅烷偶联剂 KH550、KH570、南大 42 以及磷酸酯类偶联剂对 TATB 进行了表面处理，结果表明采用偶联剂能够改善 TATB 造型粉的力学性能以及氟聚物对 TATB 的黏附作用，其中，KH550 是一种较为理想的偶联剂。

1.3 理论研究 TATB 基 PBX 的目的和意义

在实验过程，人们对于 TATB 基 PBX 的研究大多采用高精密高分辨率仪器，如电子扫描电子显微镜（SEM）[29,32-33]、电子探针（EDX）、X射线衍射（XRD）[33]、反射光显微镜、偏光显微镜（PLM）[34]、小角度中子散射（SANS）和小角度X光射线（SAXS）[35]等来观察高聚物黏结炸药的微观结构、细微缺陷、黏结剂分布、炸药颗粒表面形貌和缺陷形态等，进而对高聚物黏结剂与炸药间的相互作用进行表征；或者通过测试聚合物黏结剂溶液在炸药颗粒表面的接触角来定性地确定高聚物黏结剂对炸药包覆、黏结等性能；也有研究人员采用X光电子能谱仪（XPS）来评价黏结剂与炸药间的界面作用[30,36-38]；另外，还有很多炸药工作者研究在加载和单向压缩等条件下的材料的损伤和破坏机制是否沿两相的边界产生来说明黏结剂与炸药颗粒间的黏结性[39]；另外一些热力学性质，如PBX的热力学膨胀系数也可以用来表征高聚物黏结剂与炸药颗粒间的黏结性[40-42]。

实验研究周期长、效率低、成本高又具有较高的危险性。随着计算机模拟技术不断地改进和完善，计算机模拟技术在高能体系中的应用和研究变得越来越重要性，其较好的优越性也逐渐显露出来，具有研究周期短、效率高、成本低、零风险的特点，较大程度地辅助了实验研究，加快了实验研究进度。计算机模拟技术在含能材料中的应用具有重要的实际意义。

1.3.1　量子化学研究

量子力学对化学的应用形成量子化学。量子力学或量子化学是研究物质结构最强大的理论武器。随着量子化学理论方法和计算机的迅猛发展，量子化学已经能够精确地计算出分子间的相互作用[43]。对于高聚物黏结炸药的研制和生产而言，普遍认为应重视分子间的相互作用[44]。目前，采用分子力学、分子动力学和量子化学方法研究炸药与高聚物黏结剂分子间相互作用的成果已有大量的报道和总结[45-51]。但这些研究成果都是关于炸药与高聚物黏结剂间的相互作用，高聚物黏结炸药组分与其助剂间相互作用的理论研究还未见报道。偶联技术是提高TATB与高聚物黏结剂间黏结性质的一种理想方法，对炸药本体结构破坏性小，对炸药的能量、爆轰性能影响也小，因此，采用偶联技术来提高TATB基PBX的综合性能一直以来备受人们关注。目前人们尚不清楚偶联剂在TATB基PBX中的作用机理，实验上盲目地去选择偶联剂既耗时又耗力又具有危险性。因此，急需理论上的指导。

1.3.2　介观尺度上的理论研究

利用量子化学计算方法能够相当精确地给出炸药与高聚物黏结剂分子间的相互作用,并给出理论预测,对实验研究具有重要的指导意义和参考价值。由于量子化学计算方法采用从头算,不借助任何实验参数,并且细化到原子中的每个电子,能够模拟的体系相当小,以至于很难与实验直接联系起来。因此,在理论方面还急需较大尺度上的理论研究。

耗散粒子动力学(DPD)是指 20 世纪 90 年代初由 Hoogerbrugge 和 Koelman[52,53]首次提出的一种介观模拟技术,它是在分子动力学和格子气模拟的基础上发展起来的。耗散粒子动力学采用粗粒化模型,将实际流体中的一小块区域或包含大量分子或原子的团簇看作耗散粒子动力学模型中的一个作用点,其运动类似于布朗动力学,力部分包括了耗散力、随机力和保守力。由于耗散粒子动力学在粒子间引入了“软”的相互作用势,从而可以有效地模拟时间和空间尺度介于微观尺度与宏观尺度之间的研究体系,并给出研究体系的结构形貌、粒子数密度分布、扩散系数、表面张力等宏观性质。

耗散粒子动力学已被广泛应用于高聚物熔融体、高分子溶液等体系的研究中。Groot 和 Madden[54]利用 DPD 方法成功地模拟了两片段共聚物熔体的微相分离;Elliott 和 Windle[55]利用 DPD 方法研究了球形和非球形方形粒子的多分散混合物在聚合物复合材料中的聚集态问题;Qian 等人[56-57]采用 DPD 模拟方法研究了环状两片段共聚物熔体介观相的形成,以及不相容的 A/B 均聚共混物在 AB 两片段共聚物中三元体系的界面问题,发现界面张力会随不相容性以及组成比率的变化而变化;Groot[58]研究了聚合物表面活性剂在水溶液中的聚集情况;Roland 等人[59]模拟研究了聚合物最低临界溶解温度;Cao 等人[60]采用 DPD 方法研究了三种两片段共聚物在水溶液中的聚集行为,讨论了形成的胶束大小以及形状随浓度的变化等问题。

近年来,随着耗散粒子动力学的理论和算法不断地被改进和完善,其应用范围越来越广泛[61-71],例如,从原先的高聚物熔融体和高聚物溶液到聚电解质系统、表面活性剂溶液、再到生物上的 DNA 研究等。2002 年,Gee 等人[72]首次将耗散粒子动力学方法应用到高能体系的研究中,成功地模拟了利用经典分子动力学方法观察不到的 TATB 颗粒的“不可逆长大”行为。这一创举拓展了耗散粒子动力学在高能体系中的应用,突破了以往在微观尺度和宏观尺度上研究高能混合体系的局限性。

　　本书阐述了将耗散粒子动力学方法应用到高能体系的造型粉中，研究了造型粉内部的微细结构及其一些宏观性质。这是因为考虑到耗散粒子动力学的模拟长度尺度可达到几个微米，恰好在造型粉颗粒尺度的范围内；耗散粒子动力学模拟的动力学过程是指液态下混合体系的混合动力学过程，符合造型粉的制备过程。造型粉的制备过程是通过各组分在溶液中的充分混合，然后烘干而成，因此造型粉的造粒过程其实就是液态下的混合动力学过程。另外，为了证明这种方法的可行性，经过大量的实验比较，发现本书的模拟结果与实验具有很好的一致性。

　　由于耗散粒子动力学可以模拟较长时间和较宽空间的模型，因此本书将高能混合体系做得很大，可以弥补利用量子化学计算方法模拟研究体系小和时间短的不足。在本书的研究过程中，高聚物黏结剂分子的分子量约为 10 000，模型包含十多个这样的高分子链，模拟的粒子数为 100 000，模拟体系的实际尺度为 0.035μm。因此，模拟结果中混合高能体系的介观形貌可以直接与实验通过扫描电子显微镜观察结果作比较；另外，本书模拟结果的介观结构中可以直观地观察到两相间的界面形貌、界面上的粒子分布、高聚物黏结剂的聚集状态等，这些都是关系到高聚物黏结炸药综合性能的重要参数和指标；另外，本书的模拟结果还给出了其他的一些重要理论参数，如粒子的扩散系数和界面张力，是表征炸药与高聚物黏结剂间的共混性以及两相间黏结性的重要参数。另外，最值得关注的是本文通过对硅烷偶联剂在 TATB 基 PBX 混合体系中的聚集行为以及它给界面结构所带来的结构变化等的研究，发现硅烷偶联剂在 TATB 基 PBX 中具有一种特殊的偶联机制，值得炸药工作者们关注。

　　综上所述，通过耗散粒子动力学的计算研究，证实了耗散粒子动力学在高能混合体系中的可行性，同时还为 TATB 基 PBX 配方设计提供了理论参考，有利于避免实验上的盲目性，避免实验过程中根据仪器分析检测混合体系前后性能的变化推测组分间作用强度时所带来的研制过程的反复、不安全事故以及试验周期等的影响。

1.4　本书的内容安排

　　针对目前在采用偶联技术解决 TATB 基 PBX 内的"界面脱黏"和黏结性

差的问题，以及由于对偶联剂在 TATB 基 PBX 中的作用机理还不清楚导致在实验过程中盲目地选择偶联剂等问题，展开了在微观尺度（原子分子尺度）和介观尺度两种尺度上的研究工作。本书分别介绍了在微观尺度（原子分子尺度）上不借助任何经验参数的第一性原理方法中的密度泛函理论和介观模拟技术——耗散粒子动力学方法研究硅烷偶联剂在 TATB 基 PBX 中的作用机理。同时，基于现有的研究成果，选用了 TATB 基 PBX 的理想偶联剂——硅烷偶联剂 KH550 的水解产物作为研究对象。本书主要内容安排包括：

（1）第 1 章介绍 TATB 基 PBX 的研究背景、现状及目的和意义，以及量子化学和介观尺度上的理论研究现状。

（2）第 2 章和第 4 章分别介绍微观尺度上的密度泛函理论和介观尺度上的耗散粒子动力学方法的理论基础和计算方法。

（3）第 3 章介绍运用密度泛函理论在 B3LYP/6-31G 水平上计算求得"硅烷偶联剂+TATB"和"硅烷偶联剂+氟聚物黏结剂片段"混合体系的全优化几何构型、分子间最小间距、电子结构、偶极距、分子间相互作用能，并对其进行自然键轨道分析，从而得到硅烷偶联剂与 TATB 基 PBX 中各组分分子间的相互作用。在此基础上，由硅烷偶联剂与 TATB 基 PBX 中各组分分子间的相互作用强度预测硅烷偶联剂在 TATB 基 PBX 中可能存在的偶联机理。

（4）第 5 章介绍运用耗散粒子动力学方法研究在未添加硅烷偶联剂时 TATB 基 PBX 造型粉内的介观结构形貌、氟聚物在 TATB 基 PBX 内的扩散系数。为了说明问题和相互佐证，又添加了聚偏氟乙烯和聚三氟氯乙烯作为 TATB 的黏结剂，并求得其在 TATB 基 PBX 内的扩散系数。通过与实验结果相比较，充分验证了耗散粒子动力学方法应用于高能混合体系的可行性；由计算所得到的介观结构形貌和扩散系数作为主要依据，判定多种氟聚物黏结在 TATB 基 PBX 中的优劣。考察了 TATB 基 PBX 在 350K 和 400K 时的介观结构形貌以及界面张力与温度的关系曲线。

（5）第 6 章介绍运用耗散粒子动力学方法研究在硅烷偶联剂存在条件下 TATB 基 PBX 造型粉内部的介观结构形貌以及各组分的数密度分布。与第 5 章未添加硅烷偶联剂的情况相比较，分别从黏结剂与炸药间黏结机理的吸附理论、润湿理论和扩散理论等方面剖析了硅烷偶联剂对氟聚物黏结剂与 TATB 间黏结性的促进作用，硅烷偶联剂在 TATB 基 PBX 中的聚集状态，从而得出硅烷偶联剂在 TATB 基 PBX 内的偶联机理。

（6）第 7 章介绍运用耗散粒子动力学方法分析氟聚物在不同溶剂、不同浓度下链的伸展状况，分析氟聚物在何种溶剂、何种浓度下能够对 TATB 产生最佳的润湿效果，为提高氟聚物对 TATB 的包覆性提供了参考数据。

（7）本书第8章和第9章介绍了光滑粒子动力学和桥域方法的基本原理、模型及求解方法等。

（8）第 10 章简单介绍了软件的基本操作，以期拓展读者对粗粒化方法更广泛的认知。

第2章　基于分子尺度的计算方法和理论基础

本章主要介绍微观尺度（原子分子尺度）上不借助任何经验参数的第一性原理密度泛函的基本理论。

2.1　密度泛函理论简介

密度泛函理论（Density Functional Theory, DFT）是一种研究多电子体系电子结构的量子力学方法。密度泛函理论在物理和化学上都有广泛的应用，特别是用来研究分子和凝聚态的性质，是凝聚态物理和计算化学领域最常用的方法之一。

电子结构理论的经典方法，如 Hartree-Fock 方法和后 Hartree-Fock 方法是基于复杂的多电子波函数，而密度泛函理论则采用了电子密度取代波函数作为研究的基本量。因为多电子波函数有 $3N$ 个变量（N 为电子数，每个电子包含三个空间变量），而电子密度仅是三个变量的函数，无论在概念上还是实际上密度泛函理论比较简单，计算量小。

密度泛函理论最普遍的应用是通过 Kohn-Sham 方法来实现的。在 Kohn-Sham DFT 的框架中，最难处理的多体问题被简化成了一个没有相互作用的电子在有效势场中运动的问题。这个有效势场包括了外部势场以及电子间库仑相互作用的影响，如交换和相关作用。处理交换相关作用是 Kohn-Sham DFT 的难点。目前并没有精确求解交换相关能 E_{xc} 的方法。最简单的近似求解方法为局域密度近似（LDA）。LDA 近似使用均匀电子气来计算体系的交换能（均匀电子气的交换能是可以精确求解的），而相关能部分则采用对自由电子气进行拟合的方法来处理；目前，密度泛函杂交分子轨道函数 B3LYP 应用十分广泛。

2.2   绝热近似

在介绍从头算的基本原理之前，先介绍多原子体系的一个基本近似——Born-Oppenheimer 近似[73]。Born-Oppenheimer 近似又称为绝热近似，认为电子质量比原子核的质量小很多，其运动速度比原子核快得多，因而电子始终跟得上原子核的运动。在讨论电子结构时，核的运动可以不予考虑，此时离子的动能被忽略。同时离子与离子的相互作用能变成常数，只有在计算总能时才需要考虑，因而多种粒子系问题可以简化为多电子问题。这样电子的运动和核的运动可以分开考虑。这种近似对不是太轻的元素如 H 或 Li 都是相当好的近似。Born-Oppenheimer 近似是固体量子理论中的最基本、最重要的近似，是能带理论及密度泛函理论中的基础性近似。

2.3   Hohenberg-Kohn 定理与 Kohn-Sham 方程

密度泛函理论的基础是建立在 P.Hohenherg 和 W.Kohn 有关非均匀电子气理论的基础上，这个理论的核心就是 Hohenberg-Kohn 定理。密度泛函理论将多粒子系统的所有基态性质如能量、波函数以及所有算符的期望值等视为密度函数的唯一泛函，都由密度函数唯一确定。同时，在粒子数不变的条件下，能量泛函对密度函数的变分就得到系统基态的能量。

考虑 N 个电子在外场（包括离子产生的场）$V_{ext}(r_i)$ 中运动，其哈密顿量 H 可表示为

$$H = T + V_{ee} + \sum_{i=1}^{N} V_{ext}(r_i) \tag{2-1}$$

式中 T——动能算符；

V_{ee}——电子与电子相互作用算符。

如果这个由 N 个电子形成体系的电子密度为 $\rho(r)$，它可以由体系波函数 $\psi(r_1, r_2, ..., r_N)$ 得到。1979 年 Levy 定义了一个与外场无关的泛函 $F[\rho]$，其表达式为

$$F[\rho] = \min_{\psi \to n} \left\langle \psi \left| T + V_{ee} \right| \psi \right\rangle \tag{2-2}$$

式（2-2）所示的最小值是指在所有满足电子密度为 ρ 的波函数中，选择时使得多电子体系动能及库仑相互作用能的期望值最小。多电子体系在电子密度为 ρ 时的总能 $E[\rho]$ 可表示为

$$E[\rho] = \int \mathrm{d}r V_{ext}(r)\rho(r) + F[\rho] \geqslant E_{GS} \tag{2-3}$$

式中　E_{GS}——基态的总能。只有在电子密度为基态电子密度时，总能为基态总能。

实际上，式（2-3）中泛函 $F(\rho)$ 是未知的，可以将该项分为与无相互作用模型下相当的项。泛函 $F(\rho)$ 可以表述为

$$F[\rho] = T[\rho] + \frac{1}{2}\iint \mathrm{d}r\mathrm{d}r' \frac{\rho(r)\rho(r')}{r - r'} + E_{XC}[\rho] \tag{2-4}$$

式（2-4）右边的第一项与第二项分别与无相互作用粒子模型的动能项和库仑排斥项相对应。第三项称为交换关联相互作用，代表了所有未包含在无相互作用粒子模型中的相互作用项，包含了相互作用的全部复杂性。

将式（2-4）中的能量泛函对密度函数进行变分。根据 Hohenberg－Kohn 定理，在能量和粒子数密度分别取基态能量和基态粒子数密度时，能量泛函取极值时可表示为

$$\int \mathrm{d}r \delta\rho(r)\left[\frac{\delta T[\rho(r)]}{\delta\rho(r)} + V_{ext}(r) + \int \mathrm{d}r' \frac{\rho(r')}{|r - r'|} + \frac{\delta E_{XC}[\rho(r)]}{\delta\rho(r)} \right] = 0 \tag{2-5}$$

由粒子数不变的条件 $\int \delta\rho(r)\mathrm{d}r = 0$ 可以得出：

$$\frac{\delta T[\rho(r)]}{\delta\rho(r)} + V_{ext}(r) + \int \mathrm{d}r' \frac{\rho(r')}{|r - r'|} + \frac{\delta E_{XC}[\rho(r)]}{\delta\rho(r)} = u \tag{2-6}$$

这里的 Lagrange 乘子 u 具有化学势的意义。

在 Hartree-Fock 近似下，一个多电子体系的 Schrödinger 方程可以简化为如下的单电子有效势方程。

$$\left[-\frac{\Theta^2}{2m}\nabla^2 + V_{\text{eff}}[\rho(r)]\right]\psi_i(r) = E_i\psi_i(r) \qquad (2\text{-}7)$$

式中　$V_{\text{eff}}\big[\rho(r)\big]$——单电子的有效势；

E_i——单电子能量。

将式（2-6）的变分结果与 Hartree-Fock 近似单粒子方程如式（2-7）相比较，可以发现式（2-6）中变分方程类似于 Hartree-Fock 近似下的单粒子方程如式（2-7），只不过有效势的形式略有不同。

$$V_{\text{eff}} = V_{\text{ext}}(r) + \int dr' \frac{\rho(r')}{|r-r'|} + \frac{\delta E_{\text{XC}}\big[\rho(r)\big]}{\delta\rho(r)} \qquad (2\text{-}8)$$

式中　$\displaystyle\int dr'\frac{\rho(r')}{|r-r'|}$——单电子的库仑势；

$\dfrac{\delta E_{\text{XC}}\big[\rho(r)\big]}{\delta\rho(r)}$——定义为单电子的交换关联势 $V_{\text{XC}}\big[\rho(r)\big]$，此时 $T\big[\rho(r)\big]$

和 $V_{\text{XC}}\big[\rho(r)\big]$ 仍是未知的。

由于并不知道有相互作用粒子的动能，于是 Kohn 和 Sham 将动能泛函 $T_s\big[\rho(r)\big]$ 用具有相同的密度函数、已知的无相互作用粒子的动能泛函 $T_s\big[\rho(r)\big]$ 来代替，并且把 T 与 T_s 的差别中无法转换的复杂部分归入到 $E_{\text{XC}}\big[\rho(r)\big]$。

为了与单粒子的态函数联系起来，以便于向单粒子图像过渡，可以利用单粒子态函数与密度函数之间的关系将它们联系起来。

$$\rho(r) = \sum_i |\psi_i|^2 \qquad (2\text{-}9)$$

这样，无相互作用的粒子的动能项可以用单粒子的态函数表示。

$$T_s[\rho(r)] = \sum_{i=1}^{N}\int dr\psi\cdot\left(-\frac{\Theta^2}{2m}\nabla^2\right)\psi_i(r) \qquad (2\text{-}10)$$

将式（2-6）中对密度函数 ρ 的变分转换为对单粒子态函数的变分，同时将 Lagrange 乘子 u 转换为具有类似于 Hartree-Fock 近似下的单粒子方程如式（2-7）中的单粒子能量，变分之后的基态依然满足取极值的关系。

$$\frac{\delta\left\{E\left[\rho(r)\right]-\sum_{i=1}^{N}E\left[\int \mathrm{d}r\psi_i \bullet \psi_i\right]-1\right\}}{\delta\psi_i(r)}=0 \qquad (2\text{-}11)$$

于是可以得到 Hohenberg-Kohn-Sham 定理框架下的单粒子方程。

$$\left[-\frac{\Theta^2}{2m}\nabla^2+V_{\mathrm{KS}}[\rho(r)]\right]\psi_i(r)=E_i\psi_i(r) \qquad (2\text{-}12)$$

其中：

$$V_{\mathrm{KS}}\left[\rho(r)\right]\equiv V_{\mathrm{ext}}+V_{\mathrm{Coul}}\left[\rho(r)\right]+V\left[\rho(r)\right]=V_{\mathrm{ext}}(r)+\int \mathrm{d}r'\frac{\rho(r')}{|r-r'|}+\frac{\delta E_{\mathrm{XC}}\left[\rho(r)\right]}{\delta\rho(r)}$$

$$(2\text{-}13)$$

式（2-8）、（2-11）、（2-12）一起称为 Kohn-Sham 方程。

虽然 Kohn-Sham 方程中的单粒子方程（2-11）与 Hartree-Fock 近似下的单粒子方程（2-7）形式上很相似，但是它们还是有本质的区别。首先，除了交换关联能 $E_{\mathrm{XC}}\left[\rho(r)\right]$ 或者交换关联势 $V_{\mathrm{XC}}\left[\rho(r)\right]$ 未知之外，Kohn-Sham 方程没有任何近似，是严格的。Hartree-Fock 方程则使用了 Hartree-Fock 近似，其中主要近似是假定体系的态函数由单粒子态函数的 Slater 行列式构成，而且 Hartree-Fock 方程在 Hartree-Fock 近似中虽然考虑到了电子与电子之间的交互相互作用，但是没有考虑自旋反平行电子间的排斥相互作用，即电子关联效应。其次 Hartree-Fock 方程中的本征值 E_i 具有单电子能量的意义，即 $-E_i$，为从该系统中移走一个电子所需的能量，满足 Koopman 定理，即将一个电子从 i 态移到 k 态所需的能量为 E_k-E_i。能带理论中的电子能级的概念来源于此。而 kohn-Sham 方程中的本征值 E_i 则不具有单电子能量的意义。

起初人们并不知道 Kohn-Sham 方程中本征值 E_i 的意义，后来在激发态理论发展起来后，人们发现，在某种意义上说，Kohn-Sham 方程可以被视为简化了的准粒子方程[74]，因此 Kohn-Sham 方程中的本征值 E_i 可以解释为准粒子激发能。

Kohn-Sham 方程的核心是用无相互作用粒子模型代替有相互作用粒子 Hamilton 量中的相应项，而将有相互作用粒子的全部复杂性归入交换关联相互作用泛函中去，从而导出单电子方程[75]。与 Hartree-Fock 近似方法比较，Kohn-Sham 方程描述是严格的。

2.4　B3LYP 理论

在形成密度泛函理论的基本思想后，问题的关键是如何来确定密度泛函里面的交换关联函数 $E_{XC}(\rho)$。根据不同的相关或交换近似处理，有多种不同的密度泛函方法。不同的密度泛函方法有不同的交换 $E_X(\rho)$ 和相关 $E_C(\rho)$ 函数。

Gaussian 提供了多种密度泛函理论模型，LYP 泛函是 DFT 中被广泛使用的一种梯度校正泛函，由 Lee 等[76]最先提出，Becke[77]在此基础上加入三参数杂化泛函后成为 B3LYP[78]方法，该方法的优点得到普遍认可[79]，并被广泛地使用。B3LYP 方法中的交换相关泛函的形式可表示为

$$E_{XC}^{B3LYP} = \left(1 - a_0 - a_x\right)E_X^{LDDA} + a_0 E_X^{exact} + a_x E_X^{E88} + \left(1 - a_c\right)E_C^{VWN} + a_c E_C^{LYP}$$

（2-14）

Becke 的主要贡献是在交换泛函数，并且通过与一些分子的原子化学能进行对照，确定了 $a_0 = 0.2$、$a_x = 0.72$ 以及 $a_c = 0.81$ 三个常数的值。

2.5　基组的选择

量子化学的第一性原理计算通常是选取分子中所有原子的原子轨道构成基函数空间[80-81]，此类基函数主要由角度部分和径向部分组成。在广泛考虑电子相关效应的基础上，利用较完备的基组是精确探讨一具体体系的前提。基组越完善，所得结果可靠性越高，与实验值越接近。然而这对大体系的计

算将会变得非常困难。

描述每个原子的波函数用量和类型应根据该原子在化合物中价层电子实际占有数和行为来确定。电子数越少，使用的基函数应越少。因此，描述原子的基函数可根据该原子在元素周期表中的位置从左向右依次增加，如果带负电荷则使用的基函数应多一些，如果带正电荷则使用的基函数可适当减少。另一方面，极化和弥散函数是描述轨道变形和弥散行为的修正函数。成键原子间因电荷交换，造成电荷分布不均匀。失去电子的原子其电子云分布收缩，这种收缩的电子云不难被描述，有时不需极化函数。对于电子的原子，其电子云易变形且膨胀，有时还过于弥散，使用极化和弥散函数是必要的。因此根据分子体系的实际成键特征，可适当选用有效的极化和弥散函数。

张瑞勤等人[82]在研究如何选取经济有效的基组函数时，曾对烷烯烃醇类体系 CH_3CH_2OH 进行了不同基组水平上的几何结构优化，结果发现在计算中仅需用中等大小基组如 6-31G 就可得到较准确的结果。另外，对在生物大分子或材料分子领域中一类很重要的含有羟基、羧基或氨基等活泼基的化合物进行了在多种基组水平上的几何结构全优化，也发现仅对氧加极化函数就可得到与精确值较为一致的结果。

基于本书的研究体系，同时又照顾到结果的精确度和经济性，选取了中等偏高点的基组——6-31G 基组。6-31G 基组代表每个内层电子轨道是由 6 个高斯型函数线性组合而成，每个价层电子轨道又被劈裂成 2 个基函数，分别由 3 个和 1 个高斯型函数线性组合而成。

2.6 基组叠加误差校正

对体系和子体系采用相同的标准基组进行计算，似乎不存在基组不一致的问题。但是在有限的基组条件下，由于体系是由组成其两个子体系的基组重叠所形成的更大基组所描述的，不可避免地影响体系的总能量。这种由于体系和子体系基组不等所引起的体系总能量的变化称为基组叠加误差（BSSE）[83]。为消除这种误差，70 年代初，Boys-Beernardi 提出了一种等价方法（Counterpoise method）[84]，即

$$\Delta E_{\rm C} = E^{R...T} - \left(E^{R(T)} + E^{T(R)} \right)$$

（2-15）

式中　ΔE_C——Counterpoise method 方法校正后的相互作用能；

　　　$E^{R...T}$——体系的总能量；

　　　$E^{R(T)}$——使用 R 基组和 T 基组计算的 R 子体系的总能量，T 设为灵原子（Ghost atom）；

　　　$E^{T(R)}$——使用 R 基组和 T 基组计算的 T 子体系的总能量，R 设为灵原子。

第 3 章 混合炸药组分分子间相互作用的量化研究

本章介绍应用量子化学理论方法研究硅烷偶联剂与 TATB 以及与氟聚物黏结剂分子间的相互作用，并取得丰富的几何构型、电子结构、相互作用能和偶极距等重要参数，探讨硅烷偶联剂与 TATB 基 PBX 内各组分分子间的相互作用机理。这为提高高聚物黏结炸药（PBX）的综合性能而选择合适的偶联剂提供了理论指导，同时也为高聚物黏结炸药的配方设计提供丰富的数据和理论指导。

3.1 引 言

TATB 是目前公认并在核武器中专用的高能钝感炸药，以其为基的高聚物黏结炸药（PBX）具有安全性能好、能量密度大、机械强度大和易加工成型等特点，在现代军事、航空以及深井探矿等领域有着广泛的应用[2,85-88]。但是 TATB 具有很独特的分子结构，其晶型为片状结构，在分子内和分子间都能形成氢键[1,3,89]，导致其表面能低，界面性质很不活泼[3]。难以找到与之相匹配的黏结剂，造成黏结剂对 TATB 炸药包覆不完全或不均匀，引起炸药界面脱黏，直接影响 TATB 炸药性能。因此需要添加一种偶联剂改善 TATB 的界面性质[28,30]，提高它与黏结剂的黏结性，促进组分间的润湿效果，从而能够获得综合性能较好的优等的高聚物黏结炸药。

由于混合炸药组分间的黏结性是分子间相互作用的宏观体现，因此要弄清偶联剂与炸药颗粒和高聚物黏结剂间的黏结性，对其进行量子化学计算研究它们分子间的相互作用显得尤为重要[44]。这将会为合理地选择混合炸药的偶联剂提供理论依据，也对改进混合炸药的配方设计具有重要的指导意义。

利用量子化学方法计算研究混合炸药组分分子间相互作用有几十年的历史了，这些研究基本上都是关于炸药分子与黏结剂分子间的相互作用[46-47,90-94]。有关偶联剂在混合炸药中作用机理的研究还局限于实验研究阶段[95]，应用量子化学计算方法研究偶联剂与炸药分子以及与高聚物黏结剂分子间相互作用的研究成果鲜有报道。

硅烷偶联剂的水解产物是 TATB 造型粉理想的偶联剂。本章介绍利用密度泛函理论方法（DFT）在 B3LYP/6-31G 水平上计算研究硅烷偶联剂的水解产物与 TATB 以及高聚物黏结剂分子间的相互作用。通过对硅烷偶联剂与 TATB 分子间以及与高分子黏结剂间的相互作用及其相互作用能的比较，结果发现硅烷偶联剂与 TATB 分子以及与氟聚物黏结剂都能形成氢键作用，且硅烷偶联剂与高分子黏结剂间的相互作用能大于与 TATB 分子间的相互作用能，这预示着硅烷偶联剂在 TATB 基 PBX 内分布在高聚物黏结剂中而不是分散在 TATB 与聚合物黏结剂间的界面上的可能性较大。

3.2 硅烷偶联剂与 TATB 分子间相互作用的量化研究

本节介绍利用第一性原理方法中的密度泛函理论（DFT）方法，在 B 3 L Y P/6-31G 水平上计算研究硅烷偶联剂的水解产物与 TATB 分子间的相互作用，确定混合体系的优化构型、电子结构，分子间的相互作用能，并对其进行自然键轨道分析（NBO）。结果表明硅烷偶联剂水解产物羟基（-OH）上的氢原子与 TATB 分子硝基（-NO$_2$）上的氧原子间形成相对较强的氢键作用，它们间较强的相互作用改变了 TATB 分子的平面结构，这可以削弱 TATB 分子内和分子间的氢键作用，提高 TATB 晶体颗粒的表面能，从而便于与高分子黏结剂的吸附作用。混合体系中 TATB 分子的 C-NO$_2$ 键键长与孤立的 TATB 分子相比，键长缩短，电子占据数增加，键能增大，又因 C-NO$_2$ 是人们公认的热解引爆优先断裂键，因此硅烷偶联剂对 TATB 还有致钝作用。

3.2.1 计算方法和细节

在 B3LYP/6-31G 水平上，先对 TATB、硅烷偶联剂（γ-氨基丙基三乙氧基硅烷）KH550 的水解产物 KH5501（γ-氨基丙基三醇硅烷）的孤立分子进行全几何参数优化；然后用 HyperChem 8.0 软件组合得到 TATB+KH5501 混合体系的各种可能稳定构型；再先后用半经验 PM3[96]方法和 DFT 方法在 B3LYP/6-31G 水平上优化分子坐标；最后对 B3LYP/6-31G 优化得到的构型进行振动频率分析。结果表明均无负频，说明它们分别是势能面能量处在极小点上的稳定几何构型。全部计算采用 Gaussian03 程序在 Pentium Ⅳ 1.6 G 的 PC 机上完成，计算的收敛阈值采用程序默认值。

3.2.2　TATB+KH5501 混合体系分子几何优化构型

图 3-1 中的 Ⅰ、Ⅱ 和 Ⅲ 分别是 B3LYP/6-31G 全优化得到的 TATB+KH5501 混合体系的三种稳定构型及其原子编号。表 3-1 给出了孤立 TATB 分子和 TATB 分子在三种稳定构型中的全优化几何参数。为了便于比较，图 3-1 和表 3-1 还给出了 TATB 键长的理论值和实验值[1]。

由图 3-1 和表 3-1 所示 TATB 分子键长的理论值和实验值的比较可知，TATB 分子中的 N-O 键、C-NO$_2$ 键、C-NH$_2$ 键以及苯环上的 C-C 键理论值和实验值的差值均在 0.01 nm 以内；而 N-H 键键长的理论值和实验值的差值较大，最大高达 0.006 nm；即便是 TATB 分子的 N-H 键长的实验值，彼此间也相差很大，分别是 0.107 nm、0.089 nm、0.087 nm、0.089 nm、0.080 nm 和 0.105 nm。这可归结为与 TATB 晶体内部分子内和分子间的氢键作用。

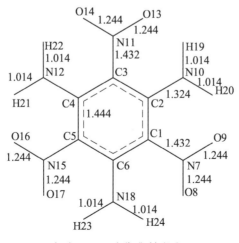

（a）TATB（优化键长）

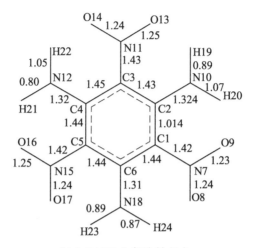

（b）TATB（实验键长）

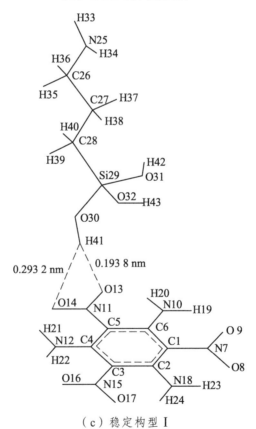

（c）稳定构型 I

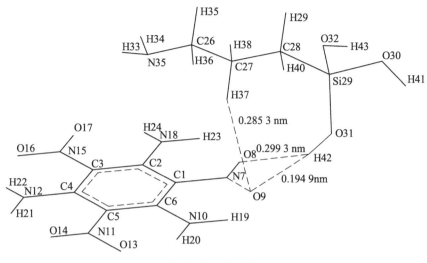

（d）稳定构型Ⅱ

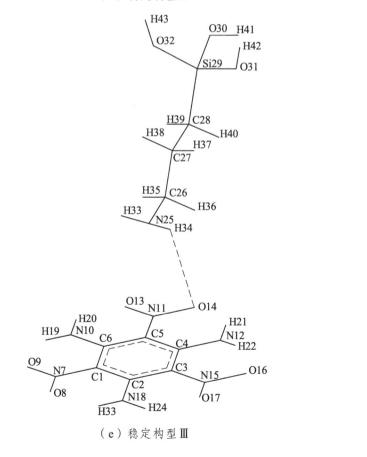

（e）稳定构型Ⅲ

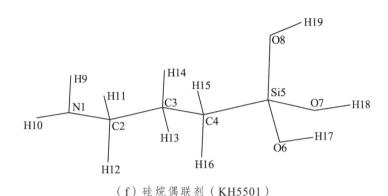

（f）硅烷偶联剂（KH5501）

图 3-1 TATB 分子、TATB+KH5501 和硅烷偶联剂 KH5501 的分子几何构型、
原子编号及分子间最小间距

由表 3-2 可知，与孤立的 TATB 分子相比，混合体系中 TATB 分子的 N-O 键平均伸长为 0.004 2 nm，N-H 键伸长为 0.000 3 nm，苯环上的 C-C 键伸长为 0.000 3 nm，C-NH$_2$ 伸长为 0.001 0 nm，而 C-NO$_2$ 缩短为 0.000 4 nm。TATB 分子的 N-O 键平均伸长较长，这应该归结于氧原子（O）与硅烷偶联剂中的氢原子之间形成的氢键作用。如图 3-1 所示，分子间的最小间距是 TATB 硝基中的氧原子与硅烷偶联剂羟基中的氢原子之间的间距，分别为 0.194 9 nm 和 0.193 8 nm，均属于较强氢键的作用范围；混合体系中 TATB 分子的 C-NO$_2$ 键长缩短，其相应的电子占据数也增加了，详见表 3-4，这表明 C-NO$_2$ 键能增大，又因 C-NO$_2$ 是人们公认的热解引爆优先断裂键，因此 TATB 分子的冲击感度降低，即硅烷偶联剂对 TATB 还有致钝作用。

由表 3-1 TATB 分子的二面角可见，孤立的 TATB 分子为典型的平面结构分子，而混合体系中的 TATB 分子不再是平面结构分子。这预示着减弱了 TATB 分子内的氢键作用，增强了 TATB 分子的极性，有利于与极性高分子黏结剂的吸附作用，这正如表 3-4 所示，孤立的 TATB 分子的偶极距为 0.000 3 Debye，而混合体系的偶极距分别为 0.649 6 Debye、2.585 97 Debye 和 1.331 9 Debye，明显地表明混合体系的极性增强。

表 3-1　TATB 分子的实验、理论和在混合体系中的全优化几何构型参数

参数及原子编号	TATB（实验值）/nm	TATB（理论值）/nm	构型 I /nm	构型 II /nm	构型 III /nm
R (7-8, 7-9, 11-14, 11-13 15-16,15-17)	0.124	0.124 4	0.128 6	0.128 6	0.128 7
	0.125		0.128 6	0.128 6	0.128 7
	0.123		0.129 6	0.129 6	0.128 7
	0.124		0.128 3	0.128 3	0.128 7
	0.124		0.128 6	0.128 6	0.128 8
	0.125		0.128 6	0.128 6	0.128 6
R (10-19,10-20 12-21,12-22 18-23,18-24)	0.107	0.101 4	0.101 7	0.101 7	0.101 7
	0.089		0.101 7	0.101 7	0.101 7
	0.087		0.101 6	0.101 7	0.101 6
	0.089		0.101 6	0.101 6	0.101 7
	0.08		0.101 6	0.101 7	0.101 7
	0.105		0.101 7	0.101 6	0.101 6
R (1-2, 2-3, 3-4, 4-5, 5-6, 6-1)	0.143	0.144 4	0.144 7	0.144 7	0.144 7
	0.143		0.145	0.144 8	0.144 7
	0.144		0.144 6	0.144 6	0.144 8
	0.144		0.144 8	0.145	0.144 6
	0.144		0.144 8	0.145 1	0.144 6
	0.145		0.144 7	0.145 6	0.144 8
R (1-7, 3-15, 5-11)	0.143	0.143 2	0.142 8	0.142 8	0.104 9
	0.142		0.142 9	0.142 8	0.140 6
	0.142		0.142 8	0.141 5	0.141
R (2-18, 4-12, 6-10)	0.131	0.132 4	0.133 3	0.133 3	0.131 7
	0.131		0.133 4	0.133 4	0.131 5
	0.132		0.133 4	0.133 3	0.131 8
A (9-7-8, 16-15-17 13-11-14)		118.33	117.625	117.616	117.484
			117.614	117.591	117.487
			117.025	116.909	117.242
A (19-10-20, 2021/12/22 23-14-24)		126.808	124.69	124.715	124.828
			124.569	124.596	124.906
			124.479	124.517	124.944
D$_{8-7-1-2}$		0	1.161	4.261	1.831
D$_{23-18-2-3}$		0	0.866	0.873	1.17

3.2.3　TATB+KH5501 混合体系原子净电荷分析

表 3-2 给出了孤立的 TATB 以及在混合体系中 TATB 分子上的原子上净电荷。由表 3-2 可见，在混合体系Ⅰ、Ⅱ 和 Ⅲ 中 TATB 分别获得 0.030 8 e、0.049 8 e 和 0.000 2 e，表明在 TATB 以及硅烷偶联剂的混合体系中，TATB 分子是电子受体，硅烷偶联剂是电子供体。在构型Ⅲ中，TATB 分子获得的电子最少，表明 TATB 与硅烷偶联剂间的相互作用最弱，这也归结于在构型Ⅲ中 TATB 分子与硅烷偶联剂间的最小间距较大，分子间形成较弱的氢键作用造成的，如在构型Ⅰ、Ⅱ和Ⅲ中，分子间的最小间距分别是 0.194 9 nm、0.193 8 nm 和 0.272 3 nm。

在混合体系中，TATB 分子上的原子电荷也发生了较大的转移。在构型Ⅰ、Ⅱ和Ⅲ中，TATB 中的氧原子（O）分别平均失去 0.087 0 e、0.085 9 e 和 0.084 6 e。与氧原子相连的氮原子（N），即硝基中的氮，得到的电子平均分别为 0.413 8 e、0.424 3 e 和 0.421 5 e，并且与硝基相连的苯环上的碳原子也得到了电子，平均分别为 0.231 4 e、0.235 4 e 和 0.235 4 e，这也表明了 C-NO_2 键间可以形成牢固的大Ⅱ键，键能增强，可导致冲击感度的降低。

表 3-2　孤立 TATB 和在混合体系中 TATB 分子上的原子净电荷

元素符号及其编号	TATB /(1.6×10⁻¹⁹C)	构型Ⅰ /(1.6×10⁻¹⁹C)	构型Ⅱ /(1.6×10⁻¹⁹C)	构型Ⅲ /(1.6×10⁻¹⁹C)
O（8,9,13,14,16,17）	− 0.428 5	− 0.336 7	− 0.332 6	− 0.341 3
	− 0.428 5	− 0.336 3	− 0.373 9	− 0.340 9
	− 0.428 5	− 0.373 4	− 0.336 7	− 0.347 4
	− 0.428 5	− 0.329 5	− 0.337 1	− 0.351 1
	− 0.428 4	− 0.336 5	− 0.337 8	− 0.341 2
	− 0.428 4	− 0.336 6	− 0.337 4	− 0.341 4
H（19,20,21,22, 24,23）	0.227 2	0.387 0	0.389 8	0.383 2
	0.227 2	0.393 6	0.387 2	0.383 4
	0.227 2	0.387 9	0.385 8	0.383 5
	0.227 1	0.387 2	0.385 6	0.383 1
	0.227 2	0.385 8	0.387 4	0.383 9
	0.227 2	0.385 9	0.387 0	0.383 8

续表

元素符号及其编号	TATB /(1.6×10⁻¹⁹C)	构型 Ⅰ /(1.6×10⁻¹⁹C)	构型 Ⅱ /(1.6×10⁻¹⁹C)	构型 Ⅲ /(1.6×10⁻¹⁹C)
N（7,11,15）	0.413 2	− 0.007 7	− 0.016 7	− 0.011 0
	0.412 9	− 0.006 3	− 0.008 1	− 0.002 9
	0.413 2	− 0.007 4	− 0.008 8	− 0.011 3
N（10,12,18）	− 0.388 5	− 0.769 6	− 0.770 3	− 0.774 0
	− 0.388 5	− 0.770 0	− 0.772 8	− 0.774 2
	− 0.388 4	− 0.772 2	− 0.771 4	− 0.773 6
C（1,3,5）	0.156 5	0.379 4	0.407 8	0.380 4
	0.156 3	0.379 8	0.382 5	0.380 3
	0.156 5	0.403 7	0.385 2	0.414 8
C（2,4,6）	0.221 5	0.311 4	0.316 1	0.308 8
	0.221 5	0.312 2	0.314 8	0.312 7
	0.221 2	0.313 9	0.324 3	0.312 3

3.2.4　TATB+KH5501 混合体系自然键轨道分析

本节在 B3LYP/6-31G 水平上对 TATB+KH5501 混合体系进行自然键轨道
（NBO）分析。表 3-3 给出了分子间电子供体（Electron Donor）的轨道 i 与电
子受体（Electron Accepator）的轨道 j 之间相互作用的稳定化能 E。稳定化能
E 越大，表示 i 和 j 的相互作用能越强，即 i 提供电子给 j 的倾向越大，若能
形成氢键作用，氢键作用也就越强。由表 3-3 可知，在构型 Ⅰ 中，TATB 分子
中的 O（13）的核电子（CR）和孤对电子（LP）对硅烷偶联剂中 H（41）的
Rydberg 轨道（RY*）以及 O（30）-H（41）的反键轨道的稳定化能为 46.82 kJ/mol。
在构型 Ⅱ 中，TATB 分子中的 O（8）-O（9）的反键轨道（BD*）、O（9）的
核电子（CR）与孤对电子（LP）对硅烷偶联剂中的 O（31）-H（42）的反键
轨道（BD*）以及 H（42）的 Rydberg 轨道（RY*）的稳定化能均为 52.84 kJ/mol；
O（8）-O（9）的反键轨道（BD*）、O（8）的孤对电子对硅烷偶联剂中的 O
（31）-H（42）的反键轨道（BD*）以及 H（42）的 Rydberg 轨道（RY*）的
稳定化能均为 2.48 kcal/mol。在构型 Ⅲ 中，TATB 分子的 N（11）-O（14）的

成键轨道（BD）、O（14）的孤对电子对 N（25）-H（34）的反键轨道（BD*）以及 H（34）的 Rydberg 轨道（RY*）的稳定化能均为 3.85 kJ/mol。这表明混合体系中分子间的电荷转移主要通过 TATB 中 O 原子的孤对电子与硅烷偶联剂中- O - H 的反键轨道间的作用而发生；由分子间的最小间距知，TATB 中的 O 原子与硅烷偶联剂中羟基上的 H 原子之间的间距为 0.194 9 nm 和 0.193 8 nm，属于氢键作用范围，故 TATB 与硅烷偶联剂之间的相互作用主要是以 TATB 中的 O 原子和硅烷偶联剂中羟基上的 H 原子之间形成的氢键作用为主，本次研究也支持了实验上的预测结果[28,31]，两者具有很好的一致性。

表 3-3　自然键轨道分析结果

构型	电子供体 NBO(i)	电子受体 NBO(j)	稳定化能 E /(kJ/mol)
I	BD (1) C 5 - N 11	BD*(1) O 30 - H 41	0.29
	BD (1) N 11 - O 13	RY*(1) H 41	0.33
	BD (1) N 11 - O 13	BD*(1) O 30 - H 41	0.25
	BD (1) N 11 - O 14	RY*(1) H 39	0.71
	BD (1) N 11 - O 14	RY*(1) H 41	0.29
	BD (1) N 11 - O 14	BD*(1)Si 29 - O 30	0.29
	BD (1) N 11 - O 14	BD*(1)Si 29 - O 31	0.54
	BD (1) N 11 - O 14	BD*(1)Si 29 - O 32	0.29
	BD (2) N 11 - O 14	BD*(1)Si 29 - O 30	0.75
	BD (2) N 11 - O 14	BD*(1)Si 29 - O 31	1.09
	BD (2) N 11 - O 14	BD*(1)Si 29 - O 32	0.92
	BD (2) N 11 - O 14	BD*(1) O 32 - H 43	0.29
	BD (1) N 12 - H 21	BD*(1)Si 29 - O 32	1.42
	BD (1) N 12 - H 21	BD*(1) O 32 - H 43	0.29
	CR (1) O 13	BD*(1) O 30 - H 41	0.79
	CR (1) O 14	BD*(1)Si 29 - O 30	0.25
	CR (1) O 14	BD*(1)Si 29 - O 31	0.71
	LP (1) O 13	BD*(1) O 30 - H 41	19.33

续表

构型	电子供体 NBO(i)	电子受体 NBO(j)	稳定化能 E /(kJ/mol)
I	LP (2) O 13	RY*(1) H 41	0.29
	LP (2) O 13	BD*(1) O 30 - H 41	16.69
	LP (3) O 13	RY*(1) H 41	0.21
	LP (3) O 13	BD*(1) O 30 - H 41	9.5
	LP (1) O 14	RY*(3)Si 29	0.54
	LP (1) O 14	BD*(1) C 28 -Si 29	1.13
	LP (1) O 14	BD*(1) C 28 - H 39	2.38
	LP (1) O 14	BD*(1)Si 29 - O 30	2.8
	LP (1) O 14	BD*(1)Si 29 - O 31	8.2
	LP (1) O 14	BD*(1)Si 29 - O 32	2.13
	LP (1) O 14	BD*(1) O 30 - H 41	0.38
	LP (2) O 14	BD*(1) C 28 -Si 29	0.46
	LP (2) O 14	BD*(1) C 28 - H 39	0.42
	LP (2) O 14	BD*(1)Si 29 - O 30	2.34
	LP (2) O 14	BD*(1)Si 29 - O 31	2.68
	LP (2) O 14	BD*(1)Si 29 - O 32	0.63
	LP (2) O 14	BD*(1) O 30 - H 41	1.17
	BD*(2) N 11- O 14	BD*(1) C 28 -Si 29	0.21
	BD*(2) N 11- O 14	BD*(1)Si 29 - O 30	0.42
	BD*(2) N 11- O 14	BD*(1)Si 29 - O 31	1.09
	BD*(2) N 11- O 14	BD*(1)Si 29 - O 32	0.5
II	BD (1) C 1 - C 6	RY*(1) H 37	0.33
	BD (1) C 1 - N 7	RY*(1) H 37	0.46
	BD (1) C 1 - N 7	BD*(1) O 31 - H 42	0.29
	BD (2) C 1 - N 7	RY*(1) H 37	1.17
	BD (2) C 1 - N 7	BD*(1) C 27 - H 37	0.71
	BD (2) C 6 - N 10	BD*(1) C 27 - H 37	0.33

构型	电子供体 NBO(i)	电子受体 NBO(j)	稳定化能 E /(kJ/mol)
II	BD (1) N 7 - O 9	RY*(1) H 37	0.75
	BD*(1) O 8 - O 9	RY*(1) H 42	0.42
	BD*(1) O 8 - O 9	BD*(1) C 27 - H 37	2.3
	BD*(1) O 8 - O 9	BD*(1) O 31 - H 42	5.82
	BD (1) O 8 - O 9	RY*(3)Si 29	0.21
	BD (1) O 8 - O 9	BD*(1) C 27 - H 37	0.54
	BD (1) O 8 - O 9	BD*(1) O 31 - H 42	4.35
	CR (1) O 9	BD*(1) O 31 - H 42	1.09
	LP (1) O 8	BD*(1) O 31 - H 42	0.21
	LP (1) O 9	BD*(1) O 31 - H 42	28.41
	LP (2) O 9	RY*(1) H 42	0.33
	LP (2) O 9	BD*(1) C 27 - H 37	0.42
	LP (2) O 9	BD*(1) O 31 - H 42	12.43
III	BD (1) C 5 - N 11	RY*(1) N 25	0.42
	BD (1) N 11 - O 13	RY*(3) N 25	0.33
	BD (2) N 11 - O 13	BD*(1) N 25 - C 26	0.42
	BD (1) N 11 - O 14	RY*(1) H 34	0.59
	LP (1) O 14	BD*(1) N 25 - H 34	0.71
	LP (3) O 14	BD*(1) N 25 - H 34	2.55
	BD*(2) N 11 - O 13	RY*(1) N 25	0.25
	BD*(2) N 11 - O 13	RY*(3) N 25	0.21
	BD*(2) N 11 - O 13	RY*(1) H 34	0.21

因 TATB 分子的 C-NO$_2$ 键通常被认为是热解和引爆的引发键，故本书研究重点主要包括考察分子间的相互作用对该键的影响。表 3-4 给出了 TATB 分子的 C-NO$_2$ 键的电子布居数分析。由表 3-4 可见，混合后体系中 TATB 分子的 C-NO$_2$ 键的电子占据数分别增加 0.001 4 e，0.001 8 e 和 0.002 0 e。表明 C-NO$_2$ 键键能增强，可导致 TATB 的冲击感度降低；构型 III 中的电子占据数

增加最多，表明 NH_2 基具有较好的致钝作用，这与其他研究的氨基在混合炸药体系中具有致钝作用是一致的[97]。

表 3-4　TATB 分子的 C-NO₂ 自然键轨道的电子布居数分析

TATB 分子中 C-NO₂ 的自然键轨道	布居数/($1.6×10^{-19}$C)			
	孤立 TATB 分子	I	II	III
C（1）-N（7）bond	1.988 48	1.990 40	1.989 82	1.990 51
C（3）-N（13）bond	1.988 33	1.990 25	1.990 44	1.990 52
C（5）-N（11）bond	1.988 32	1.988 79	1.990 39	1.990 22

3.2.5　TATB+KH5501 混合体系分子间相互作用能计算

分子间的相互作用能（ ΔE ）为混合体系的总能量减去混合前各分子的总能量之和，同时还要考虑经 Boys-Bernardi[98]方法校正的基组叠加误差（Basis Set Superposition Error, $BSSE$ ）[83]。校正后的相互作用能 ΔE 可表示为

$$\Delta E' = \Delta E + BSSE = E_{AB} - E_{A(B)} - E_{B(A)} \tag{3-1}$$

式中　E_{AB}——混合体系的总能量；

　　$E_{A（B）}$——混合体系中将 B 分子中的所有原子设为携带虚轨道的鬼原子时计算获得的 A 分子的能量。

在计算分子间相互作用能时，考虑基组重叠误差的同时还需进行零点振动能（Zero Point Energy, ZPE）校正，校正后的相互作用能可表示为

$$\Delta E'' = \Delta E + BSSE + \Delta ZEP \tag{3-2}$$

表 3-5 给出了在 BL3YP/6-31G 水平上计算得到的单个分子的总能量、混合体系的总能量、零点振动能 ZEP、基组重叠误差校正能 BSSE、相互作用能 $\Delta E[\Delta E = E_{complex} - (E_{monomer1} + E_{monomer2})]$、经零点振动能校正后的分子间相互作用能 ΔE 以及经零点振动能和基组重叠误差校正后的分子间相互作用能 ΔE。由表 3-5 可知，构型 II 的分子间相互作用比构型 I 低 3.525 kJ/mol，构型 I 的分子间相互作用能又比构型 III 的低 4.971 kJ/mol，表明在这三种优化构型的

稳定性是Ⅱ最稳定，其次是Ⅰ，Ⅲ最不稳定。

由表 3-5 还可见，混合体系的零点振动能与分子间的相互作用能相当，表明要精确计算 TATB 与硅烷偶联剂分子间的相互作用能必须进行零点振动能（ZPE）校正；对于基组重叠误差 BSSE 校正能，它们分别占经零点振动能校正后的分子间相互作用能的 38.2%、37.4% 和 37.4%，表明要精确计算该体系的分子间相互作用能必须进行基组重叠误差能量校正。表 3-5 还给出了 TATB 及混合体系的偶极距，与孤立 TATB 分子偶极距相比，混合体系的偶极距增加了，表明分子极性增强，这有利于改善 TATB 颗粒表面活性，进而增强了其与黏结剂的黏合性。

表 3-5 给出了体系总能量 E（a.u）、分子间相互作用能 ΔE（kJ/mol）、零点振动能 ZPE（kJ/mol）、经零点振动能校正后的分子间相互作用 $\Delta E'$（kJ/mol）、基组重叠误差 $BSSE$（kJ/mol）、经零点振动能和基组重叠误差校正后的分子间相互作用能 $\Delta E''$（kJ/mol）以及偶极距（Debye）。

表 3-5   BL3YP/6-31G 水平上 TATB+KH5501 混合体系分子间相互作用能

构型	TATB	KH5501	Ⅰ	Ⅱ	Ⅲ
E/a.u	−1 011.509 0	−690.662 2	−1 702.336 3	−1 702.338 7	−1 702.332 8
$\triangle E$/（kJ/mol）			−853.432	−859.825	−844.179
ZPE/（kJ/mol）	420.117	405.322	829.876	831.141	828.143
$\triangle E'$/（kJ/mol）			−23.556	-28.684	−16.036
$BSSE$/（kJ/mol）			9.152	10.715	6.603
$\triangle E''$/（kJ/mol）			−14.404	−17.969	−9.433
偶极距/Debye	0.000 3	1.081 7	0.649 6	1.331 9	2.859 7

3.3　高聚物黏结剂与硅烷偶联剂分子间的相互作用

本章的前几节在 B3LYP/6-31G 水平上研究了硅烷偶联剂与 TATB 分子的分子间相互作用，并探讨了硅烷偶联剂与 TATB 的相互作用机理。因在高聚物黏结炸药造型粉中除了炸药颗粒以外，还存在高聚物黏结剂。为了弄清楚硅烷偶联剂在造型粉中的偶联机理，还需要再进一步研究硅烷偶联剂与高聚物黏结剂分子片段间的相互作用。

由于 TATB 颗粒表面能极低，需要选取含高电负性基团的高聚物作为它的黏结剂。目前在 TATB 造型粉中广泛应用的是含氟较高的偏氟乙烯和三氟氯乙烯的随机共聚物，故本书选取了偏氟乙烯和三氟氯乙烯的随机共聚物一个片段作为研究对象。若这两种单体以混合摩尔比为 $n : m$ 共聚，则将其称之为 F_{23nm}。目前美国通常使用的是 F_{2313}，即 Kel f-800，此类著名的混合炸药有 PBX-9502[99]和 LX-17[100]等；由于此类以 TATB 为基的高聚物黏结炸药具有能量密度高、安全性能好、机械强度大和易加工成型等优点，被广泛应用于现代军事、航天以及深井探矿等领域。

到目前为止，尽管分子动力学和量子化学的计算研究应用到含能材料的分子设计、配方设计及组分分子间相互作用的研究中已将近几十年的历史了，但是有关利用量子化学方法研究混合炸药中偶联剂与高聚物黏结剂分子间的作用机理鲜有报道。

本节介绍采用量子化学计算方法研究硅烷偶联剂与含氟较高的高聚物片段 H-[-CH$_2$-CF$_2$-]$_2$-[-CF$_2$-CFCl-]$_2$-H 的分子间相互作用。为了比较硅烷偶联剂与 TATB 以及与高聚物黏结剂的分子间相互作用的强弱，本节也采用密度泛函(DFT)方法，即消除由于方法不同或基组不同所带来的能量误差。本节主要从体系的几何构型、分子间最小间距、原子净电荷、自然键轨道分析以及分子间相互作用能等角度探讨硅烷偶联剂与高聚物片段分子间的相互作用。希望为提高 PBX 的综合性能选择合适的偶联剂开辟一条简便实用的新途径。

3.3.1　计算方法和细节

在 B3LYP/6-31G 水平上，先对硅烷偶联剂 KH5501（γ-氨基丙基三醇硅烷）及高聚物片段 H-[-CH$_2$-CF$_2$-]$_2$-[-CF$_2$-CFCl-]$_2$-H 的孤立分子进行全几何参数优化；然后用 HyperChem 8.0 软件组合得到这两种混合体系的各种可能稳定构型，再先后用半经验 PM3[96]方法和 DFT 方法在 B3LYP/6-31G 水平上优化分子的坐标。最后再对 B3LYP/6-31G 水平上优化得到的几何构型进行振动分析，结果表明均无虚振动频率，即说明最后得到的优化几何构型就是势能面上能量极小值点的稳定几何构型。全部计算采用 Gaussian03 程序在 Pentium Ⅳ 1.6 G 的 PC 机上完成，收敛阈采用程序默认值。

图 3-2 给出了 B3LYP/6-31G 水平上计算得到的硅烷偶联剂、高聚物片段及其混合体系的全优化构型、原子编号和分子间最小间距。它们的全优化几何参数见表 3-6，自然原子电荷的计算结果和自然键轨道（NBO）分析及分子总能和分子间的相互作用能分别见表 3-7、表 3-8 和表 3-9。

3.3.2　硅烷偶联剂与高聚物片段的分子几何优化构型

图 3-2 中标出了全优化构型的分子间距离。由图 3-2 中分子间距可知，构型Ⅳ中存在 F（14）……H（45）、F（22）、……、H（43）和 H（25）、……、O（32）弱分子间氢键，构型 V 中存在 F（18）、……、H（36）、F（21）、……、N（27）和 F（22）、……、H（35）弱分子间氢键，构型Ⅵ中存在 F（9）、……、H（44）、H（10）、……、O（33）、Cl（15）、……、H（39）和 Cl（15）、……、N（27）弱分子间氢键，构型Ⅶ中存在 F（9）、……、H（44）弱分子间氢键和 H（10）、……、O（32）间较强的分子间氢键。

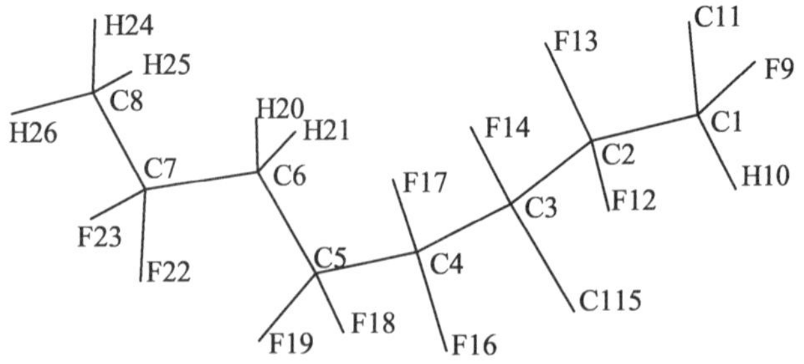

（a）高聚物黏结剂片段 H-[-CH$_2$-CF$_2$-]$_2$-[-CF$_2$-CFCl-]$_2$-H

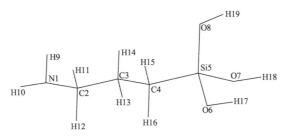

（b）硅烷偶联剂 KH5501

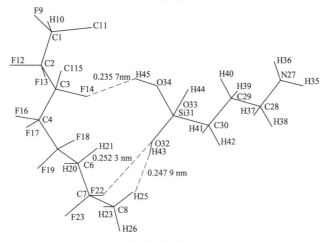

（c）构型 Ⅳ

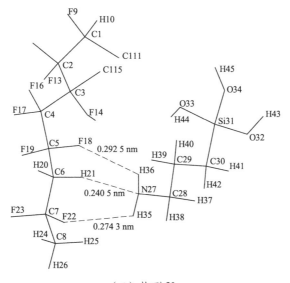

（d）构型 Ⅴ

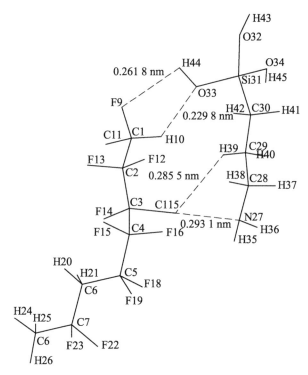

（e）构型 VI

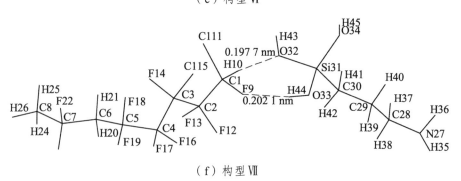

（f）构型 VII

图 3-2　高聚物片段、硅烷偶联剂 KH5501 以及高聚物片段和 KH5501 混合体系的
分子全优化几何构型、原子编号及分子间最小间距

　　表 3-6 给出了高聚物片段几何构型的全优化键长。由于高聚物黏结剂的柔性直接关系到炸药颗粒的力学性能。故必要考查硅烷偶联剂对高聚物片段主链上的键的影响，顺便也考查其他键长的变化。由表 3-6 可见，在构型 IV中，当硅烷偶联剂中的羟基端靠近高聚物片段时，高聚物片段中的 C（1）-Cl

（11）、C（3）-F（14）、C（5）-F（18）、C（7）-F（22）键分别伸长 0.003 8 nm、0.002 6 nm、0.003 0 nm、0.008 0 nm，主碳链上的 C（5）-C（6）和 C（7）-C（8）键均缩短 0.002 1 nm，其他键长变化很小。另外主碳链上除了 C（2）-C（3）也缩短 0.000 1 nm 外，其他的 C-C 键都伸长但伸长量较小，分别为 0.000 3 nm，0.000 7 nm 和 0.001 0 nm，这种相间隔性的键长伸长和缩短有助于链段的扭转，即促进了链段的柔性；在构型 V 中，硅烷偶联剂的氨基端与高聚物片段靠近时，C（1）-Cl（11）和 C（3）-F（14）键键长缩短 0.002 6 nm 和 0.002 9 nm，C（3）-Cl（15）、C（5）-F（18）、C（6）-H（21）和 C（7）-F（22）键键长分别伸长 0.004 4 nm、0.005 4 nm、0.006 6 nm 和 0.005 5 nm，主链上的 C-C 键均缩短，其中缩短最大的是 C（6）-C（7）约为 0.004 4 nm，主链上键的键长均缩短，键能均增大，故旋转和扭转势垒升高，链段刚性增强；类似地，在构型 Ⅵ 中硅烷偶联剂的氨基端靠近高聚物片段的主链，主链上的 C-C 键的键长也缩短，链段的刚性增强，其中主链上的 C-C 键变化较大的包括 C（2）-C（3）和 C（3）-C（4），分别缩短 0.003 0 nm 和 0.004 0 nm，其他与主链相近的变化较大的键 C（3）-Cl（15）和 C（3）-F（14），其键长分别伸长 0.013 2 nm 和 0.006 9 nm，其他键长变化不大；在构型 Ⅶ 中硅烷偶联剂的羟基端靠近高聚物片段，主链上的 C-C 键也是相隔性的伸长和缩短，这有利于链段的旋转和扭转，链段柔性增强；对于其他的键长，除了与硅烷偶联剂相距最近的 H（10）与主链上的 C（1）形成的键的键长伸长 0.008 8 nm 以外，其他的键长变化很小。

由上述数据分析可知，硅烷偶联剂的氨基端有增强高聚物片段刚性的趋势，而硅烷偶联剂的羟基端有增强高聚物片段柔性的趋势。

从分子间的电荷转移来看，构型 Ⅳ、构型 Ⅴ、构型 Ⅵ 和构型 Ⅶ 的分子间分别转移了 0.002 0 e、0.048 5 e、0.047 5 e 和 0.010 1 e，如表 3-8 所示。其中在构型 Ⅴ、Ⅵ 中，分子间电荷转移较多，它们的电荷转移量分别几乎为构型 Ⅳ 和构型 Ⅶ 的 20 倍和 5 倍，这表明高聚物片段与硅烷偶联剂间的相互作用主要以硅烷偶联剂的氨基端与高聚物片段之间的相互作用为主。因此，整体上来讲，在高聚物和硅烷偶联剂的混合体系中，硅烷偶联剂有增强高聚物刚性的趋势。

表 3-6　孤立的高聚物片段和其在混合体系中的优化键长

参数	孤立的/nm	构型 IV/nm	构型 V/nm	构型 VI/nm	构型 VII/nm
$R_{1\text{-}10}$	0.108 5	0.108 5	0.108 5	0.108 6	0.109 3
$R_{1\text{-}11}$	0.185 1	0.185 4	0.184 8	0.185 3	0.185 0
$R_{1\text{-}9}$	0.104 2	0.140 1	0.140 5	0.140 9	0.142 0
$R_{1\text{-}2}$	0.153 6	0.153 6	0.153 6	0.153 4	0.153 2
$R_{2\text{-}12}$	0.140 5	0.140 5	0.140 5	0.140 9	0.140 6
$R_{2\text{-}13}$	0.139 4	0.139 3	0.139 5	0.139 7	0.139 6
$R_{2\text{-}3}$	0.155 2	0.155 2	0.155 2	0.154 9	0.155 2
$R_{3\text{-}15}$	0.185 2	0.185 2	0.185 6	0.186 5	0.184 9
$R_{3\text{-}14}$	0.140 9	0.141 2	0.140 6	0.141 6	0.141 0
$R_{3\text{-}4}$	0.155 7	0.155 7	0.155 6	0.155 2	0.155 7
$R_{4\text{-}16}$	0.138 9	0.139 0	0.139 0	0.139 1	0.138 9
$R_{4\text{-}17}$	0.140 7	0.140 7	0.140 7	0.141 0	0.140 7
$R_{4\text{-}5}$	0.156 1	0.156 2	0.156 0	0.156 1	0.166 0
$R_{5\text{-}18}$	0.140 7	0.141 0	0.141 2	0.140 6	0.140 7
$R_{5\text{-}19}$	0.140 1	0.140 1	0.140 2	0.140 3	0.140 2
$R_{5\text{-}6}$	0.152 1	0.151 8	0.152 0	0.152 0	0.152 1
$R_{6\text{-}20}$	0.109 2	0.109 2	0.109 2	0.109 2	0.109 2
$R_{6\text{-}21}$	0.109 0	0.109 2	0.109 7	0.109 0	0.109 0
$R_{6\text{-}7}$	0.152 7	0.152 7	0.152 3	0.152 6	0.152 7
$R_{7\text{-}23}$	0.141 9	0.141 9	0.141 9	0.141 9	0.141 9
$R_{7\text{-}22}$	0.141 9	0.142 7	0.142 4	0.142 0	0.141 9
$R_{7\text{-}8}$	0.151 1	0.150 9	0.151 1	0.151 1	0.151 1
$R_{8\text{-}24}$	0.109 3	0.109 3	0.109 3	0.109 3	0.109 3
$R_{8\text{-}25}$	0.109 3	0.109 2	0.109 2	0.109 3	0.109 3
$R_{8\text{-}26}$	0.109 2	0.109 3	0.109 3	0.109 2	0.109 2

表 3-7　孤立的以及其在混合体系中的全优化键长

参数	孤立的/nm	构型 Ⅳ/nm	构型 Ⅴ/nm	构型 Ⅵ/nm	构型 Ⅶ/nm
$R_{27\text{-}35(1\text{-}9)}$	0.101 2	0.101 2	0.101 7	0.101 4	0.101 1
$R_{27\text{-}36(1\text{-}10)}$	0.101 3	0.101 3	0.101 8	0.101 5	0.101 3
$R_{27\text{-}28(1\text{-}2)}$	0.146 3	0.146 2	0.147 3	0.146 9	0.146 1
$R_{28\text{-}37(2\text{-}11)}$	0.110 8	0.110 8	0.110 6	0.110 6	0.110 9
$R_{28\text{-}38(2\text{-}12)}$	0.109 8	0.109 8	0.109 8	0.109 7	0.109 8
$R_{28\text{-}29(2\text{-}3)}$	0.153 7	0.153 7	0.153 5	0.153 6	0.153 7
$R_{29\text{-}39(3\text{-}13)}$	0.109 8	0.119 0	0.109 6	0.109 4	0.109 6
$R_{29\text{-}40(3\text{-}14)}$	0.109 9	0.109 9	0.110 0	0.110 1	0.109 9
$R_{29\text{-}30(3\text{-}4)}$	0.154 3	0.154 3	0.154 1	0.154 2	0.154 4
$R_{30\text{-}41(4\text{-}15)}$	0.109 8	0.109 8	0.109 8	0.109 7	0.109 9
$R_{30\text{-}42(4\text{-}16)}$	0.109 8	0.109 8	0.109 8	0.109 8	0.109 8
$R_{30\text{-}31(4\text{-}5)}$	0.187 9	0.188 1	0.188 0	0.188 0	0.187 7
$R_{31\text{-}32(5\text{-}6)}$	0.170 9	0.171 7	0.171 0	0.170 4	0.174 4
$R_{31\text{-}33(5\text{-}7)}$	0.172 0	0.171 6	0.172 1	0.171 9	0.169 4
$R_{31\text{-}34(5\text{-}8)}$	0.171 1	0.170 6	0.170 8	0.171 7	0.170 9
$R_{32\text{-}43(6\text{-}17)}$	0.097 1	0.097 4	0.096 9	0.097 0	0.097 2
$R_{33\text{-}44(7\text{-}18)}$	0.096 9	0.096 8	0.096 9	0.097 1	0.097 2
$R_{34\text{-}45(8\text{-}19)}$	0.097 0	0.097 0	0.097 1	0.096 9	0.096 9

3.3.3　硅烷偶联剂与高聚物片段混合构型原子上净电荷分析

表 3-8 给出了孤立的高聚物片段及在混合状态下的自然原子电荷。由表 3-8 可见，与孤立高聚物片段的原子电荷相比，混合状态下的高聚物片段上的原子电荷发生了较大变化。为了突出重点，本书只给出了转移电荷高于 0.009 e 的原子上的电荷变化。在构型Ⅳ中，C（6）、C（8）、H（26）、H（24）、F（22）和 H（20）分别得到 0.019 8 e、0.018 8 e、0.012 3 e、0.009 e、0.011 3 e 和 0.008 2 e，而 H（25）和 H（21）失去电子 0.041 8 e 和 0.038 7 e；构型Ⅴ中 C（1）、C（6）、Cl（15）、F（18）、H（20）、F（22）和 H（26）

分别得到 0.016 7 e、0.027 e、0.014 6 e、0.009 1 e、0.013 7 e、0.011 4 e 和 0.009 6 e，而 Cl（11）和 H（21）分别失去 0.019 4 e 和 0.043 e；构型Ⅵ中 C（1）、C（3）、C（6）、C（8）、F（16）和 H（26）分别得到 0.030 7 e、0.062 6 e、0.017 e、0.010 1 e、0.014 4 e 和 0.011 1 e，而 C（5）、C（7）、H（10）和 Cl（15）分别失去 0.013 1 e、0.019 3 e、0.023 5 e 和 0.053 2 e；构型Ⅶ中 C（1）、F（9）和 Cl（11）分别得到 0.054 8 e、0.016 8e 和 0.011 9 e，而 H（10）失去 0.081 2 e。

　　由数据分析可知，高聚物片段中靠近硅烷偶联剂的 F 原子均得到电子，是电子受体；靠近硅烷偶联剂的 H 原子均失去电子，是电子供体，而远离硅烷偶联剂的 H 原子均得到电子，是电子受体；Cl 原子与硅烷偶联剂的羟基端邻近时得到电子，是电子受体，而与硅烷偶联剂的氨基端或中间片段邻近时失去电子，是电子供体。从整体上来说，高聚物片段是吸电子，它们分别得到 0.002 0 e、0.048 5 e、0.047 5 e 和 0.010 1 e，这也说明了含氟高聚物具有极强的吸电子性能。

表 3-8　孤立的高聚物片段和其在混合状态下的原子净电荷

原子编号	高聚物片段				
	孤立的 /(1.6×10⁻¹⁹C)	构型Ⅳ /(1.6×10⁻¹⁹C)	构型Ⅴ /(1.6×10⁻¹⁹C)	构型Ⅵ /(1.6×10⁻¹⁹C)	构型Ⅶ /(1.6×10⁻¹⁹C)
C（1）	−0.048 5	−0.046 2	−0.065 2	−0.079 2	−0.103 3
C（2）	0.604 7	0.605 3	0.605 1	0.604 4	0.609 7
C（3）	−0.049 3	−0.053 0	−0.045 3	−0.111 9	−0.050 8
C（4）	0.542 7	0.543 5	0.538 2	0.543 4	0.542 3
C（5）	0.553 2	0.551 8	0.557 0	0.566 3	0.552 7
C（6）	−0.357 5	−0.377 3	−0.384 5	−0.374 5	−0.356 9
C（7）	0.558 0	0.562 2	0.559 0	0.577 3	0.557 9
C（8）	−0.439 6	−0.458 4	−0.444 8	−0.449 7	−0.439 4
F（9）	−0.266 7	−0.264 6	−0.271 6	−0.274 0	−0.283 5
H（10）	0.237 9	0.239 1	0.232 7	0.261 4	0.319 1
Cl（11）	0.082 0	0.077 7	0.101 4	0.087 2	0.070 1
F（12）	−0.269 3	−0.268 0	−0.271 0	−0.271 0	−0.270 0

续表

原子编号	高聚物片段				
	孤立的 /(1.6×10⁻¹⁹C)	构型 IV /(1.6×10⁻¹⁹C)	构型 V /(1.6×10⁻¹⁹C)	构型 VI /(1.6×10⁻¹⁹C)	构型 VII /(1.6×10⁻¹⁹C)
F（13）	−0.263 2	−0.261 1	−0.264 6	−0.271 6	−0.267 2
F（14）	−0.262 1	−0.264 4	−0.255 2	−0.261 1	−0.264 0
Cl（15）	0.153 7	0.157 3	0.139 1	0.206 9	0.154 8
F（16）	−0.254 9	−0.255 5	−0.257 7	−0.269 3	−0.255 3
F（17）	−0.275 2	−0.274 3	−0.273 4	−0.273 8	−0.275 8
F（18）	−0.283 8	−0.289 1	−0.292 9	−0.277 6	−0.284 4
F（19）	−0.272 9	−0.274 3	−0.272 8	−0.277 3	−0.274 1
H（20）	0.208 1	0.199 9	0.194 4	0.198 9	0.207 7
H（21）	0.204 9	0.243 6	0.247 9	0.199 3	0.205 1
F（22）	−0.312 0	−0.323 3	−0.323 4	−0.304 0	−0.312 6
F（23）	−0.311 6	−0.314 4	−0.315 3	−0.303 9	−0.311 9
H（24）	0.164 7	0.155 6	0.161 8	0.162 8	0.164 6
H（25）	0.166 0	0.207 8	0.171 6	0.164 1	0.165 5
H（26）	0.190 5	0.178 2	0.180 9	0.179 4	0.189 8

3.3.4　硅烷偶联剂与高聚物片段混合构型的自然键轨道分析

为了进一步考查分子间的相互作用，本书对复合体系进行了在 B3LYP/6-31G*水平上的自然键轨道（NBO）分析。为了突出重点，表 3-9 只给出了轨道间稳定化能大于 2.09 kJ/mol 的自然键轨道。其中表 3-9 中的 Donor NBO（i）和 Acceptor NBO（j）分别代表电子供体的自然键轨道 i 和电子受体的自然键轨道 j，它们之间的相互作用稳定化能为 E。稳定化能 E 越大，表示 i 和 j 的相互作用能越强，即 i 提供电子给 j 的倾向性越大。由表 3-9 可知，构型

Ⅳ中高聚物片段 F（22）的孤对电子 LP（3）和硅烷偶联剂中 O（32）-H（43）反键轨道间的稳定化最大，为 17.24 kJ/mol，其次是高聚物片段 F（14）的孤对电子 LP（1）与硅烷偶联剂中 O（34）-H（45）反键轨道间的稳定化能，为 8.24 kJ/mol，再其次是硅烷偶联剂 O（32）的孤对电子 LP（2）与高聚物片段 C（6）-H（21）反键轨道，以及硅烷偶联剂 O（32）的孤对电子 LP（1）与高聚物片段 C（8）-H（25）反键轨道，它们间的稳定化能分别为 6.82 kJ/mol和 6.23 kJ/mol；构型 V 中硅烷偶联剂 N（27）的孤对电子 LP（1）与高聚物片段 C（8）-H（21）反键轨道间的稳定化能最大，为 12.51 kJ/mol，其次是高聚物片段 Cl（11）和 F18 的孤对电子 LP（2）和 LP（3）分别与硅烷偶联剂 O（34）- H（45）和 N27-H36 反键轨道间的稳定化能，它们分别为 3.81 kJ/mol和 3.56 kJ/mol；构型Ⅵ中轨道间稳定化能最大的是硅烷偶联剂中 N（27）的孤对电子 LP（1）与高聚物片段 C（3）-Cl（15）的反键轨道，其为 22.68 kJ/mol，其次是硅烷偶联剂中 O（33）的孤对电子 LP（1）与高聚物片段 C（1）-H（10）的反键轨道，以及高聚物片段 F（9）的孤对电子 LP（2）和硅烷偶联剂中 O（33）-H（44）反键轨道，它们间的稳定化能分别为 16.78 kJ/mol 和 6.53 kJ/mol；构型Ⅶ中硅烷偶联剂中 O（32）的孤对电子 LP（2）与高聚物片段中 C（1）-H（10）反键轨道间的稳定化能比构型Ⅳ、V 和Ⅵ中的稳定化能都高，其为 43.85 kJ/mol，其次是高聚物片段 F（9）的孤对电子 LP（3）和硅烷偶联剂中 O（33）-H（44）反键轨道，以及硅烷偶联剂中 O（32）的孤对电子 LP（1）与高聚物片段 C（1）-H（10）的反键轨道，它们间的稳定化能分别为 15.94 kJ/mol 和 11.84 kJ/mol。

综上分析可知，混合体系中子体系间的电荷转移主要通过硅烷偶联剂中 O（32）、O（33）和 N（27）的孤对电子与高聚物片段的 C（1）-H（10）和 C（3）-Cl（15）的反键轨道，以及高聚物片段中 F（22）和 F（9）的孤对电子与硅烷偶联剂中 O（32）-H（43）和 O（33）-H（44）的反键轨道间的相互作用而发生的。

表 3-9　自然键轨道分析结果

构型	Donor NBO （i）	Acceptor NBO （j）	稳定化能 E/（kJ/mol）
	from unit 1 to unit 2		
	LP（1）F14	BD*（1）O34 - H45	8.24
	LP（3）F14	BD*（1）O34 - H45	4.35
	LP（1）F22	BD*（1）O32 - H43	5.65
IV	LP（3）F22	BD*（1）O32 - H43	17.23
	from unit 2 to unit 1		
	LP（1）O32	BD*（1）C8 - H25	6.23
	LP（1）O32	BD*（1）C6 - H21	3.01
	LP（2）O32	BD*（1）C6 - H21	6.82
	from unit 1 to unit 2		
	LP（2）Cl11	BD*（1）O34 - H45	3.81
	LP（1）F18	BD*（1）N27 - H36	2.55
	LP（2）F18	BD*（1）N27 - H36	3.55
V	LP（3）F18	BD*（1）N27 - H36	2.47
	from unit 2 to unit 1		
	LP（1）N27	BD*（1）C6 - H21	12.5
	LP（1）N27	BD*（1）C8 - H25	2.72
	LP（1）O33	BD*（1）C1 -Cl11	3.26
	from unit 1 to unit 2		
	LP（2）F 9	BD*（1）O33 - H44	6.52
VI	LP（2）Cl15	BD*（1）C29 - H39	3.22
	from unit 2 to unit 1		
	LP（1）N27	BD*（1）C3 -Cl15	22.67
	LP（1）O33	BD*（1）C1 - H10	16.77
	from unit 1 to unit 2		
	LP（2）F9	BD*（1）O33 - H44	5.52
	LP（3）F9	BD*（1）O33 - H44	15.93
VII	from unit 2 to unit 1		
	LP（1）O32	BD*（1）C1 - H10	11.84
	LP（2）O32	BD*（1）C1 - H10	43.83
	BD*（1）Si31 - O32	BD*（1）C1 - H10	2.72

3.3.5　硅烷偶联剂与高聚物片段混合构型的分子间相互作用能分析

表 3-10 给出了在 BL3YP/6-31G 水平上计算获得的单个分子的体系总能量 E（a.u）、分子间相互作用能 ΔE（kJ/mol）、零点振动能 ZPE（kJ/mol）、经零点振动能校正后的分子间相互作用 $\Delta E'$（kJ/mol）、基组重叠误差 $BSSE$（kJ/mol）、经零点振动能和基组重叠误差校正后的分子间相互作用能 $\Delta E''$（kJ/mol）和偶极距（Debye）。由表 3-5 可知，构型Ⅶ的分子间相互作用能最低，结构最稳定；其次是Ⅵ、Ⅳ和Ⅴ，因此它们稳定性也依次减弱。

由表 3-10 还可见，混合体系的零点振动能与分子间的相互作用能相当，表明要精确计算 TATB 与硅烷偶联剂分子间的相互作用能必须进行零点振动能（ZPE）校正；对于基组重叠误差 $BSSE$ 校正能，它们分别占经零点振动能校正后的分子间相互作用能的 49.4%、59.1%、40.4% 和 36.8%，表明要精确计算该体系的分子间相互作用能必须进行基组重叠误差能量校正。表 3-10 还给出了高聚物片段以及混合体系的偶极距与孤立高聚物片段相比，混合体系的偶极距变化不大。

表 3-10　BL3YP/6-31G 水平上硅烷偶联剂与高聚物片段混合构型的分子间相互作用能

构型	高聚物片段	KH5501	Ⅳ	Ⅴ	Ⅵ	Ⅶ
E/a.u	−2 226.740 4	−690.662 3	−2 917.409 6	−2 917.407 6	−2 917.412 0	−2 917.410 9
ΔE /（kJ/mol）			829.300	825.512	839.799	832.657
ZPE（kJ/mol）	384.872	405.322	793.544	794.274	793.712	793.899
$\Delta E'$（kJ/mol）			−35.756	−31.238	−36.087	−38.758
$BSSE$（kJ/mol）			17.672	18.452	14.568	14.244
$\Delta E''$（kJ/mol）			−18.084	−12.786	−21.519	−24.514
偶极距/Debye	3.367	1.082	1.348	3.614	3.374	3.336

综上所述，本章介绍了利用密度泛函理论在 B3LYP/6-31G 水平上研究硅烷偶联剂与 TATB 以及与氟聚物黏结剂片段分子间的相互作用，得到了如下结论：

（1）在 TATB 和硅烷偶联剂的混合体系中，与孤立的 TATB 分子相比，混合体系中 TATB 分子内的键长变化不大，最大的为 0.004 2 nm；而在高聚物片段和硅烷偶联剂的混合体系中，与孤立的高聚物片段相比，混合体系中高聚物片段的键长变化较大，如 0.013 2 nm、0.006 6 nm、0.006 9 nm、0.013 2 nm、0.008 8 nm 等。

（2）硅烷偶联剂与 TATB 以及与高聚物片段间都发生了较大电荷转移，与 TATB 分子间的转移电荷最大值为 0.049 8 e，与高聚物片段间的转移电荷最大值为 0.048 5 e，两种混合体系分子间的电荷转移相当。

（3）由分子最小间距可知，在硅烷偶联剂与 TATB 的混合体系中，分子间的相互作用主要是 TATB 硝基上的 O 原子与硅烷偶联剂羟基上的 H 原子之间形成的氢键作用。与实验结果相一致，在硅烷偶联剂与高聚物片段的混合体系中，分子间可以形成多种氢键作用，例如 F、……、H、Cl、……、H 以及 H、……、O 之间。

（4）孤立的 TATB 分子和高聚物片段的偶极距分别为 0.000 3 Debye 和 3.366 7 Debye，相差较大；它们分别与硅烷偶联剂的混合体系中最稳定构型的偶极距分别为 1.331 9 Debye、3.336 2 Debye，极性相近。

（5）两种混合体系的最稳定构型为构型 II 和 VII，经零点振动能和基组重叠误差校正后的分子间相互作用能分别为 -17.969 kJ/mol 和 -24.514 kJ/mol。

从整体上来讲，由以上数据分析可知，硅烷偶联剂对高聚物片段的影响力要大于对 TATB 分子的影响力。因此，在 TATB、高聚物黏结剂和硅烷偶联剂的混合体系中，高聚物黏结剂夺取硅烷偶联剂的能力要大于 TATB 夺取硅烷偶联剂的能力。这一推论将在本书第 5 章进行进一步证实。同时，通过上述的研究结果，还可以得到如下结论：

（1）在 TATB 与硅烷偶联剂的混合体系中，与孤立的 TATB 分子相比，混合体系中 TATB 分子的 C-NO$_2$ 键长缩短，电子占据数增加，键能增大。由于 C-NO$_2$ 是公认的热解引爆优先断裂键，因此硅烷偶联剂对 TATB 还有致钝作用。

（2）在高聚物片段与硅烷偶联剂的混合体系中，当硅烷偶联剂的羟基端与高聚物片段邻近时，高聚物片段的 C-C 键键长间隔性的伸长和缩短；当硅烷偶联剂的氨基端或中间片段与高聚物片段邻近时，高聚物片段的 C-C 间均缩短，这表明硅烷偶联剂的氨基端有增强高聚物片段刚性的趋势，而硅烷偶联剂的羟基端有增强高聚物片段柔性的趋势。

以上所述的有关硅烷偶联剂对 TATB 以及高聚物片段性质的影响，值得实验研究者在实际的实验研究中给予重视。

综上所述，运用量子化学计算方法研究炸药与偶联剂以及高聚物片段与偶联剂间的相互作用，获得了丰富的几何、电子结构、相互作用能和偶极距等重要信息。这为提高高聚物黏结炸药（PBX）的综合性能、选择合适的偶联剂提供了理论指导。本书的研究内容还为混合炸药选择合适的偶联剂提供了一条简便易行的新方法和新思路，对高聚物黏结炸药的配方设计研究具有重要的实际意义。

第4章　介观尺度上的计算方法和理论基础

4.1　DPD 的发展简史

耗散粒子动力学（Dissipative Particle Dynamics，DPD）作为一种模拟流体力学行为的新方法，于 1992 年首次由 Hooberbrugge 和 Koelman[53-54]提出，它是在分子动力学和格子气模型的基础上发展而来的。经过分析和模拟证实，耗散粒子动力学可以正确描述流体力学行为。随后，耗散粒子动力学又被应用在稳定剪切条件下硬球悬浮物和高分子溶液的模拟 [101-102]当中。

在 DPD 中，对耗散力和随机力描述类似于郎之万方程，系统的能量不守恒。在系统中不存在能量传输，系统是一个等温体。但是，在耗散粒子动力学原始的算法中，未涉及到模型参数和系统温度相关联的表达式。1995 年，Espa ň ol 和 Warren 等人[103]解决了这个问题，正确地推导出耗散粒子动力学中的摩擦项和噪声项之间的波动耗散关系；推导出对应于 DPD 运动方程的福克-普朗克方程（Fokker-Planck），给出了在什么情况下能够使得稳定状态溶液在给定的温度下满足 Gibbs 正则系综的条件；还确定了由于限定时间步长所导致的平衡状态温度的离散化误差。随后，人们对耗散粒子动力学又做了进一步研究，使得 DPD 方法的很多方面变得更加明朗化，同时该方法也得到了一个严格性的理论上的调整。Español 在 1995 年利用投影算子技术推导出了关于质量和密度场的流体力学方程[104]，因此，流体中的声速和黏性系数与模型参数建立了流体中的声速和黏性系数与模型参数的联系，如 DPD 中的摩擦系数和噪声幅度得到了清晰的描述；Español 还进一步讨论了在什么温度范围内系统是牛顿流体和非牛顿流体。后来，Groot 和 Warren 等人再度审查了耗散粒子动力学，讨论了 DPD 中如何选取摩擦系数、噪声幅度和时间步长，以及"软"保守势中的有效参数范围和对于高分子体系模型参数与

Flory-Huggins 理论之间的映射关系[105]。

1998 年，Marsh 对耗散粒子动力学进行了多个理论方面的分析[106]。Marsh 和 Yeomans 等人取得了平衡状态温度与限定时间步长之间相关联的解析表达式[107]。Marsh 等人推导了有关耗散粒子动力学的福克-普朗克-波尔兹曼方程（Fokker-Planck-Boltzmann），表明它遵守 H-理论（H-theorem）[108]。Marsh 等人发现利用 Chapman -Enskog 方法通过福克-普朗克-波尔兹曼方程可以获得宏观演变方程，可以获得关于热力学和传输特性的精确表达式[109]。将静态和动力学特性的分析结构与数值模拟结果做比较发现，模拟结果和预测结果相差较大，出现这一现象的部分原因是由于 Masters 和 Warren 在耗散粒子动力学中引入了波尔兹曼对碰理论(Boltamann pair collision theory)[110]造成的。Marsh 将广义的流体力学应用到耗散粒子动力学中，解决了当系统的长度尺度无法分离清楚时的耗散粒子动力学模拟[106]。Serrano 和 Español 等人进一步研究了耗散粒子动力学的动力学机制[111-112]。通过观察速度的自相关函数，发现了两种动力学机制：一是低摩擦流体动力学机制，可以利用平均场理论来描述，动力学理论可以给出较好的描述[113]；二是高摩擦流体动力学机制，这时系统的行为是一个动力学行为，且收敛效应变得十分重要。

到目前为止，耗散粒子动力学已经得到充分发展。由于耗散粒子动力学模拟的系统是一个等温系统，不能模拟能量传输和热波动。为了解决这一缺陷，Bonte Avalos、Mackie 和 Espaňol 等人分别对 DPD 方法的能量守恒进行了拓展[114-115]，在耗散粒子上又增加了一个额外变量，相应地也可推导出系统的演变方程。系统的内能是由粒子间的耗散力来体现，波动-耗散关系保证了系统的正确的平衡状态分布，DPD 中的能量守恒变量用来模拟热导[116]，另外，Bonte Avalos 和 Mackie 等人还分析了系统的动力学和传输特性[117]。耗散粒子动力学不断发展，可应用到黏弹性流体和化学反应的模拟当中。更有趣的是，有人将耗散粒子动力学整合到蒙特卡罗技术（Monte Carlo technique）中，这样就可以利用有效抽样方案如吉布斯系综技术（Gibbs ensemble technique）和构型偏倚 Monte-Carlo 方法，这些技术可以用来模拟相平衡和计算自由能[118]。一般而言，通过 DPD 和 Monte-Carlo 方法的整合，除了可以模拟 NVT 系统外还可以用来模拟其他系统，如 DPD-MC 方法曾被应用到一定张力下的脂双层的模拟当中[119-120]。

相当大的离散化误差导致了系统的平衡特性依赖于时间步长，这极大地刺激了数值算法的发展。Groot 和 Warren[105]将修正的 Velocity-Verlte 算法取代了传统的 Euler 算法。在修正的 Velocity-Verlte 算法中引入了一个可调参数 λ 来预测新速度,如果 $\lambda = 1/2$ 就会产出与原来的 Velocity-Verlte 算法同样的轨迹[121],即又回归到了原来的 Velocity-Verlte 算法。Pagonabarraga[122]等人又提出了另外一种方法,即引入了自洽算法(self-consistent algorithm)。速度的更新使得最后的力和速度值一致,这是因为作用在粒子上的力依赖于相邻粒子的速度。自洽算法解决了以往算法严重依赖时间步长的困扰。Gibson[123]等人推出了一种媒介(intermediate)方法,即通过在最后的积分步上对耗散力进行额外的再次更新,扩展了修正的 Velocity-Verlte 算法。Novik 和 Coveney[124]讨论了有限差分法和它们在非保守力模型中的应用,特别是关于耗散粒子动力学方法,常采用 Gibson 等人的算法。1999 年,Lowe[125]提出了一个完全不同的算法,保留了动量和温度守恒的特性,完全没有用到耗散力和随机力,而是仅仅利用了保守力对系统进行积分,利用 Anderson 热浴使系统热能化到预测温度,这样算法从需求自洽解法的算法中解脱出来,并且还使得控制系统的热力学参数变得更加容易。Otter 和 Clarke[126]利用另外一种方法处理了耗散力与速度之间的依赖关系,将耗散粒子动力学与随机动力学进行类比推导出了一种修正的蛙跳算法(modified leap-frog algorithm)。耗散力和随机力的强度分别由参数 α 和 β 来描述,这些参数是由通过进一步地模拟获得平衡特性一致的系统来确定的。对于耗散粒子动力学,Shardlow 建议采用一次和二次分解积分法。目前,关于耗散粒子动力学的几种积分算法还正在进行大量的测试和验证。从整体上来讲,这也说明了积分对模拟复杂流体产生的影响。

由于耗散粒子动力学的多功能性和它在理论上的合理特性,使得耗散粒子动力学成为模拟复杂系统的一种相当好的粗粒化模拟方法。但是,由于耗散粒子动力学中的耗散粒子的概念与微观尺度上的自由度之间的关联还不清楚。解决这一缺陷的方法是通过微观尺度上的动力学的粗粒化,推导出 DPD 型的方程。主要有两种粗粒化方法,即沃罗诺伊流体粒子(Voronoi fluid particles)和光滑粒子流体动力学(Smoothed Particle Hydrodynamics)的变体。沃罗诺伊流体粒子是由 Flekkoy 和 Coveney[127]提出的,在它定义下的耗散粒子为分布在 Voronoi 格子上尺度大小不同的胞,这些粒子的运动方程可以由微观尺度上的动力学推导出,非常类似于传统的 DPD[128-129]。据 Serrano 等人报道，后一种方法具有较高的数值精度[130]。光滑粒子流体动力学最初是从天体物理领域中发展而来，后来 Español 等人指出了光滑粒子流体动力学与 DPD 方法的相似之处[131-132]。Español 等人又给出了它的形式，光滑粒子是由"bell-shaped"权重函数定义的球状粒子[133-134]。光滑粒子和流体粒子模型都将粗粒化的运动方程与微观尺度上的动力学之间建立了联系。

　　耗散粒子动力学方法其中的一个初衷是为了能够应用较大的时间步长而采用"软"势来表示保守的相互作用。但是，严格来讲这是不必要的，这样反而对一些测量参数产生较大的离散化误差。实际上，这是由耗散粒子动力学的不同的两个方面造成的：一方面是"软"的保守相互作用；另一方面是热浴。后者是通过耗散力和随机力来取得的。如 Soddemann 所指出的那样，这两个方面是完全独立的[135]。如果相应的取一定的时间步长，那么 DPD 中的保守相互作用选取象 Lennard-Jones 势也没问题，那么耗散粒子动力学又还原到一个动量守恒的热浴中。Soddemann 将这种热浴同其他几种热浴进行了讨论，得出了一个结论：它是一种具有应用价值的热浴，特别是对于不平衡系统的模拟。这是因为 DPD 方法除了满足伽利略不变性、各向同性和动量守恒外，还是一个无偏差型的热浴。这一特性也使得它与郎之万热浴相比显出的具有优势。

　　耗散粒子动力学已经被广泛应用在多种复杂体系的模拟当中。1998 年 Warren 给出了关于 DPD 方法的一个相当好的综述[136]。DPD 的一个首次应用是用来模拟胶体悬浮，在 DPD 中胶体的模型是粒子被包围在一定的区域内，以至于这些粒子形成一个刚体并通过周围的流体来移动[53]。后来，DPD 又被应用在高分子系统的模拟中[137]。高分子被看作是由 Hookean 类型的弦力或 FENE 成键力连接起来的粒子构建而成。利用不同类型的粒子可以构建出复杂的高分子构架，例如嵌段共聚物[54,103]。经研究表明，这种系统的流变特性与通过动力学理论得到的高分子的流变特性吻合较好[138-139]。Novik 和 Coveney 利用 DPD 研究了两元不混溶体系的相分离[124,140]。最近，又有人利用耗散粒子动力学方法研究了脂双层膜的自聚行为和相行为[120,141]。2003 年，Gee 等人又将耗散粒子动力学应用到高能体系中，通过耗散粒子动力学模拟出了利用传统的分子动力学观察不到的大块 TATB 晶体的"不可逆长大"行为[72]。

4.2　耗散粒子动力学方法

耗散粒子动力学方法是基于粗粒化模型的介观模拟方法，所谓粗粒化就是 DPD 中的每颗粒子的运动代表实际流体中一小块区域的集体行为，内部包含大量的分子（或原子），且在粒子间引入了"软"的相互作用势，因此它可以用来模拟较长时间和空间尺度上系统的结构以及演变过程。下面简单介绍耗散粒子动力学的计算方法。

4.2.1　计算方法的简介

在 DPD 模型中，粒子的运动遵循牛顿运动方程。

$$\frac{\mathrm{d}\vec{r_i}}{\mathrm{d}t} = \vec{v}_i \tag{4-1}$$

$$\frac{\mathrm{d}\vec{v_i}}{\mathrm{d}t} = \sum_{i \neq j}\left(\vec{F}_{ij}^{C} + \vec{F}_{ij}^{D} + \vec{F}_{ij}^{R}\right) = \vec{f}_i \tag{4-2}$$

式中　　$\vec{r}$ ——粒子的坐标矢量；

$\vec{v}$ ——粒子的速度。

为了计算方便，模型中将所有粒子的质量都设置为 1，所以每个粒子所受到的总作用力等于其加速度。耗散粒子动力学方法是把所有粒子之间的相互作用归类为三个部分：保守力 F^{C}、耗散力 F^{D} 和随机力 F^{R}。所有这些力的作用范围都在一个确定的截断半径范围 r_c 内，若超出 r_c 的范围则作用力为零。在模拟中，为了计算方便，将 r_c 作为体系中唯一的长度尺度标准，取为单位长度 1。保守力是一种作用在相互作用对粒子中心连线方向上的"软"作用力，它与作用粒子对之间的距离成反比，随着粒子间距离的增加而单调递减；另外两种力分别是考虑了摩擦和噪声效果的两种力。三种力的表达式可表示为

$$F_{ij}^{C} = \begin{cases} a_{ij}(1-r_{ij})\hat{r}_{ij} & (r_{ij} < r_c = 1) \\ 0 & (r_{ij} \geqslant r_c = 1) \end{cases} \tag{4-3}$$

$$F_{ij}^{D} = -\gamma \omega^{D}(r_{ij})(\hat{r}_{ij} \cdot \vec{v}_{ij})\hat{r}_{ij} \qquad (4\text{-}4)$$

$$F_{ij}^{R} = \sigma \omega^{R}(r_{ij})\theta_{ij}\hat{r}_{ij} \qquad (4\text{-}5)$$

其中：

$$\omega^{D}(r) = [\omega^{R}(r)]^{2} = \begin{cases} (1-r)^{2} & (r < r_{c} = 1) \\ 0 & (r \geqslant r_{c} = 1) \end{cases} \qquad (4\text{-}6)$$

式中　F_{ij}——粒子 j 对粒子 i 的作用力；

a_{ij}——粒子 i 和粒子 j 之间的最大排斥力；

ω^{D}、ω^{R}——与粒子间的距离有关的权重函数，分别描述了这两个力随着粒子间距离增加时的衰减情况。

θ_{ij}——具有高斯分布并且具有单位方差（unit variance）的随机数：$\langle \theta_{ij}(t) \rangle = 0$，并且 $\langle \theta_{ij}(t)\theta_{kl}(t') \rangle = (\delta_{ik}\delta_{jl} + \delta_{il}\delta_{jk})\delta(t-t')$，这个关系保证了不同作用粒子对在不同时刻的随机力是互不依赖，互相独立的，其对称关系 $\theta_{ij} = \theta_{ji}$ 又保证了体系动量的守恒。在实际模拟中，一般采用在 0 和 1 之间平均分布的对称随机数序列 $u \in U(0,1)$，对于每一时刻的每一对相互作用粒子对都随机生成一个不同的随机数 u，然后用 $\xi_{ij} = \sqrt{3}(2u-1)$ 代替上面的高斯随机数 θ_{ij}，这种产生随机数的方法是非常有效的并且和高斯随机数生成器所得到的随机数没有什么区别[142]。由上面公式知，这三种力都表示在截断半径 $r_{c} = 1$ 内两个粒子在质心连线方向上的两两相互作用。因此，粒子 i 所受的力 f_{i} 可表示为

$$f_{i} = \sum_{i \neq j}(F_{ij}^{C} + F_{ij}^{D} + F_{ij}^{R}) \qquad (4\text{-}7)$$

式中　j——在粒子 i 周围截断半径 $r_{c} = 1$ 内除粒子 i 之外的粒子。

F_{ij}^{C}——粒子间的排斥作用，决定着系统中不同流体之间的互溶性。

耗散力和随机力分别代表粒子之间的动力相互作用，两者相互补偿，使得系统的平均动能为一恒定值。因此，它们分别被看作是热池和热浴，共同作用的结果起到调温器的作用。同时，耗散力和随机力应当保证系统的能量守恒，以满足该系统正则系综的统计力学性质。耗散力和随机力的系数与温

度之间的关系可表示为

$$\sigma^2 = 2\gamma k_B T \qquad (4\text{-}8)$$

式中　σ ——随机力的标准差；

　　　γ ——黏滞系数；

　　　k_B ——波尔兹曼因子；

　　　T ——体系的绝对温度。

要得到每个粒子在不同时刻的位置，必须采用数值积分求解运动方程。但由于耗散力中含有速度项，使得积分变得比较困难，在 DPD 中通常采用比较简单的修正 velocity-verlet 算法[105]，用粒子目前的位置、速度和力来计算下一时刻的位置和速度，然后再用新的位置和速度计算新的力，从而修正新的速度。修正的 velocity-verlet 算法可表示为

$$\begin{cases} r_i(t+\Delta t) = r_i(t) + \Delta t v_i(t) + \dfrac{1}{2}(\Delta t)^2 f_i(t) \\[2mm] \tilde{v}_i(t+\Delta t) = v_i(t) + \lambda \Delta t f_i(t) \\[2mm] f_i(t+\Delta t) = f_i\big(r_i(t+\Delta t), \tilde{v}_i(t+\Delta t)\big) \\[2mm] v_i(t+\Delta t) = v_i(t) + \dfrac{1}{2}\Delta t\big(f_i(t) + f_i(t+\Delta t)\big) \end{cases} \qquad (4\text{-}9)$$

velocity-verlet 算法和修正的 velocity-verlet 算法的根本区别在于 λ 因子的取值。当 λ 取 0.5 时，上面的积分形式就为原始的 velocity-verlet 算法；当 λ 取 0.65 时，则为修正的 velocity-verlet 算法。根据 Groot 和 Warren 的理论 λ 取 0.65，可以保证较好的温度稳定效果。

4.2.2　DPD 方法中的额涨落—耗散（Fluctuation—Dissipation）理论

上一节提到了耗散力和随机力中权重函数之间的关系和它们的系数与温度的关系。本节简单介绍这种关系的由来。这是由 Español 和 Warren [103]给出的 DPD 积分算法中的随机微分方程以及与之相对应的 Fokker-Planck 方程，再通过涨落-耗散理论将体系的温度和噪声与耗散力之间的相对强度直接联系起来而得到的。

    DPD 方法在本质上是分子动力学模拟方法的一种，只是在模型中加入一个使体系总动量保持守恒的郎之万热浴。在 DPD 方法中，通过微分方程推导 Fokker-Planck 方程的过程与随机动力学方法的推导过程非常类似。

    首先介绍一下随机动力学的推导过程，DPD 中的推导过程与之类似。

    在随机动力学方法中，粒子满足牛顿运动方程：

$$\frac{\mathrm{d}\vec{q}_i}{\mathrm{d}t} = \frac{\partial H}{\partial \vec{p}_i} \qquad (4\text{-}10)$$

$$\frac{\mathrm{d}\vec{p}_i}{\mathrm{d}t} = -\frac{\partial H}{\partial \vec{q}_i} \qquad (4\text{-}11)$$

式中 $\vec{q}_i$ ——代表广义坐标；

      $\vec{p}_i$ ——代表广义动量；

      H ——代表体系的哈密顿能量。

    如果在式（4-10）和式（4-11）中加入摩擦和噪声，则随机动力学运动方程可表示为

$$\frac{\mathrm{d}\vec{p}_i}{\mathrm{d}t} = \frac{\partial H}{\partial \vec{p}_i} \qquad (4\text{-}12)$$

$$\frac{\mathrm{d}\overline{p}_i}{\mathrm{d}t} = -\frac{\partial H}{\partial \vec{q}_i} - \zeta_i \frac{\partial H}{\partial \vec{p}_i} + \sigma_i f_i \qquad (4\text{-}13)$$

式中 ζ_i ——相空间中第 i 个自由度，也就是第 i 个粒子所受到的摩擦系数；

      σ_i ——体系中噪声的强度；

      f_i ——其平均值为零，并且满足 $\left\langle f_i(t) f_j(t') \right\rangle = 2\delta_{ij}\delta(t-t')$。

    对于一个随机动态过程，假设其相空间中的相态几率密度为 $P\big(\{\vec{q}_i\}, \{\vec{p}_i\}, t\big)$，这个相态几率密度随着时间的演变过程可以用 Fokker-Planck 方程来描述。对这种随机动力学过程的描述和在经典力学中将哈密顿运动方程转换为刘维尔（Liouville）方程的过程类似，其推导过程可以参考有关文献 [143,144]，这个方程可表示为

$$\frac{\partial P}{\partial t} = \hat{L}P \qquad (4\text{-}14)$$

$\hat{L}$ 是 Fokker-Planck 算符，它可以被分解成两项。

$$\hat{L} = \hat{L}_{\mathrm{H}} + \hat{L}_{\mathrm{SD}} \qquad (4\text{-}15)$$

式中　　$\hat{L}_H$——哈密顿部分，是刘维尔算符；

　　　　$\hat{L}_{SD}$——摩擦和噪声部分，其具体形式可表示为

$$\hat{L}_{SD} = \sum_i \frac{\partial}{\partial \vec{p}_i}\left[\zeta_i \frac{\partial H}{\partial \vec{p}_i} + \sigma_i^2 \frac{\partial}{\partial \vec{p}_i} \right] \tag{4-16}$$

由于体系处于平衡状态，所以吉布斯-波尔兹曼分布应该是上述 Fokker-Planck 方程的稳态解。

$$\hat{L}\exp(-\beta H) = 0 \tag{4-17}$$

其中 $\beta = 1/(k_B T)$。对于正则系统，哈密顿部分 $\hat{L}_H\exp(-\beta H) = 0$ 恒成立。为了使体系满足正则分布，必须保证摩擦和噪声部分也为零，$\hat{L}_{SD}\exp(-\beta H) = 0$，把这个公式按照式（4-16）展开，可得：

$$\sum_i \frac{\partial}{\partial \vec{p}_i}\left[\zeta_i \frac{\partial H}{\partial \vec{p}_i} + \sigma_i^2 \frac{\partial}{\partial \vec{p}_i} \right]\exp(-\beta H) = 0 \tag{4-18}$$

所以就可以得到关系式：

$$\sigma_i^2 = k_B T \xi_i \tag{4-19}$$

这个关系就是涨落-耗散理论，体系的温度代表体系中噪声与耗散之间的平衡关系。

DPD 方法的 Fokker-Planck 方程推导过程与上述过程非常类似。在 DPD 方法中，定义了两个依赖于粒子间距离的权重函数 $w^D(r_{ij})$ 和 $w^R(r_{ij})$，前者代表粒子间的相对摩擦系数，而后者则是同一对粒子之间的随机碰撞的强度。这两个权重函数使得体系中粒子间的耗散力和随机力都在一个相同的局部作用范围内才有作用。这两个力的具体作用形式分别见式（4-3）～式（4-6）。

在实际的模拟中，随机力的形式可表示为

$$\vec{F}_{ij}^R = \sigma\omega^R(r_{ij})\theta_{ij}\delta t^{-1/2}\hat{r}_{ij} \tag{4-20}$$

式（4-20）比当初给出的三种力的表达式中的随机力多出一项 $\delta t^{-1/2}$，这将在下面得到解释。把这个随机力连同保守力和耗散力代入牛顿运动方程，

可以得到朗之万运动方程，其形式可写成随机微分方程的形式。

$$d\vec{r}_i = \frac{\vec{p}_i}{m_i}dt \tag{4-21}$$

$$d\vec{p}_i = \left[\sum_{i\neq j}\vec{F}_{ij}^C\left(\vec{r}_{ij}\right) + \sum_{i\neq j}-\gamma w^D\left(r_{ij}\right)\left(\vec{e}_{ij}\cdot\vec{v}_{ij}\right)\vec{e}_{ij}\right]dt + \sum_{i\neq j}\sigma w^R\left(r_{ij}\right)\vec{e}_{ij}dW_{ij}$$

$$\tag{4-22}$$

这里 m_i 是粒子 i 的质量，$dW_{ij} = dW_{ji}$ 是维纳（Wiener）过程中互不依赖的递增量，它满足下述关系：

$$dW_{ij}dW_{kl} = \left(\delta_{ik}\delta_{jl} + \delta_{il}\delta_{jk}\right)dt \tag{4-23}$$

也就是说 $dW_{ij}(t)$ 是一个积分时间步长 dt 的 1/2 次幂的无限小量。这就是式（4-20）中 $\delta t^{-1/2}$ 因子出现的原因。类似于随机动力学中的 Fokker-Planck 算符，DPD 方法中的 Fokker-Planck 算符可以分成两项：

$$\hat{L} = \hat{L}_C + \hat{L}_{DPD} \tag{4-24}$$

其中 $\hat{L}_C$ 是保守力的哈密顿部分，对于一个符合正则系综的保守体系，吉布斯-波尔兹曼分布是它的一个平衡态解 $\hat{L}_C \exp(-\beta H) = 0$。上述式中第二算符 $\hat{L}_{DPD}$ 的形式可以表示为

$$
\begin{aligned}
\hat{L}_{DPD} &= \sum_{ij}\gamma w^D\left(r_{ij}\right)\vec{e}_{ij}\frac{\partial}{\partial \vec{p}_i}\left(\vec{e}_i\cdot\vec{v}_i\right) - \sum_{i\neq j}\sigma^2\left(w^R\left(r_{ij}\right)\right)^2\left(\vec{e}_{ij}\cdot\frac{\partial}{\partial \vec{p}_i}\right)\left(\vec{e}_{ij}\cdot\frac{\partial}{\partial \vec{p}_j}\right)\\
&\quad + \sum_i\sum_{j(\neq i)}\sigma^2\left(w^R\left(r_{ij}\right)\right)^2\left(\vec{e}_{ij}\cdot\frac{\partial}{\partial \vec{p}_i}\right)^2\\
&= \sum_i\sum_{j(\neq i)}\vec{e}_{ij}\cdot\frac{\partial}{\partial \vec{p}_i}\left[2\gamma w^D\left(r_{ij}\right)\vec{e}_{ij}\cdot\vec{v}_{ij} + \sigma^2\left(w^R\left(r_{ij}\right)\right)^2\left(\frac{\partial}{\partial \vec{p}_i} - \frac{\partial}{\partial \vec{p}_j}\right)\right]\\
&= \sum_i\sum_{j(\neq i)}\vec{e}_{ij}\cdot\frac{\partial}{\partial \vec{p}_i}\left[2\gamma w^D\left(r_{ij}\right)\vec{e}_{ij}\cdot\left(\frac{\partial H}{\partial \vec{p}_i} - \frac{\partial H}{\partial \vec{p}_i}\right) + \sigma^2\left(w^R\left(r_{ij}\right)\right)^2\left(\frac{\partial}{\partial \vec{p}_i} - \frac{\partial}{\partial \vec{p}_i}\right)\right]
\end{aligned}
\tag{4-25}
$$

在这个 DPD 算符中，包含了耗散力和随机力两部分。如果

$\hat{L}_{\text{DPD}}\exp(-\beta H)=0$，则体系就真正对应于一个热力学平衡态分布，那么 $\hat{L}P\big(\{\vec{q}_i\},\{\vec{p}_i\},t\big)=0$。这样也就得到了 DPD 中的涨落 - 耗散理论：$\omega^{\text{D}}(r)=\big[\omega^{\text{R}}(r)\big]^2$ 和 $\sigma^2=2\gamma k_{\text{B}}T$。

前面提到的随机力表达式中的 $\delta t^{-1/2}$ 因子的出现，主要是由于随机力在随机微分方程中体现为一个维纳（Wiener）过程。Groot 和 Warren[105, 145]对此给出了一种合理的解释。假定在液体中任意一个粒子在一个固定时间段内的运动方程，由于它与其他粒子之间的随机碰撞，该粒子会受到一个随机力，这个随机力的平均值是 0，但是其单位方差却不是 0。为了计算这个运动过程，把时间均分成 N 等份，在每一时间等份内，假设其受到的随机力的大小为 f_i，平均值 $\langle f_i\rangle=0$，方差为 $\langle f_i^2\rangle=\sigma^2$，这个方差的大小与时间步长的大小 $dt=t/N$ 没有关系。但是如果随机力中不带 $\delta t^{-1/2}$ 这个因子，那么将会得到不合理的结果，这种结果不符合物理规律。由于 DPD 中的随机力与时间不相关，对力的时间积分是粒子动量的变化，而摩擦力和速度之间差一个摩擦系数，$f_i=\sigma v_i$，所以这个积分又正比于粒子的位移。对这个摩擦力的时间积分的均方值与粒子在这个时间内所经历的距离的均方值成正比。

$$
\begin{aligned}
\langle S^2\rangle &\sim \left\langle\left(\int_0^1 f_i(t')\,\mathrm{d}t'\right)\right\rangle \\
&\sim \left\langle\left(\sum_{i=1}^N f_i\right)^2\left(\frac{t}{N}\right)^2\right\rangle \\
&\sim \sigma^2 t^2/N \\
&\sim t\times\sigma^2\mathrm{d}t
\end{aligned}
\tag{4-26}
$$

由式（4-26）可知，当 N 增加时，积分步长 $dt=t/N$ 减小，上述平均值也会随之减小，一直趋近于零。然而这个结果是悖于物理常识的，因为一个粒子在某个固定时间内发生的位移不会因为在计算时所使用的积分步长的改变而改变。只有当式（4-26）中的模拟系数变成 $\sigma/\sqrt{\mathrm{d}t}$ 时，其结果才是合理的。这种摩擦力对时间步长的依赖关系正好体现在式（4-20）中的 $\delta t^{-1/2}$ 因子上。

4.2.3　排斥参数与 Flory-Huggins 参数之间的映射关系

耗散粒子动力学最核心的问题是如何将具体研究体系映射到耗散粒子动力学的模拟系统。很多学者进行了相关研究[146]，其中比较简单且最具有指导作用的是 Groot 和 Warren[105]提出的方法。

Groot 和 Warren 将粒子间的排斥参数分别取 15、25 和 30，粒子数密度从 0 开始间隔为 0.5 增加到 8，对系统进行模拟。将模拟得到的系统过量压力除以排斥参数和数密度平方所得到的值对数密度作图，发现在密度 $\rho > 2$ 时所有模拟体系均落在同一条曲线上，而其比值接近于一个常数 α，因此在密度 $\rho > 2$ 的条件下，DPD 系统的状态方程可表示为

$$p = \rho k_B T + \alpha a \rho^2 \tag{4-27}$$

其中 $\alpha = 0.101 \pm 0.001$。

其对应的无量纲压缩因子可表示为

$$\kappa^{-1} = \frac{1}{k_B T}\left(\frac{\partial p}{\partial n}\right) = 1 + 2\alpha a\rho \Big/ k_B T \approx 1 + 0.2 a\rho \Big/ k_B T \tag{4-28}$$

在室温（300 K）和一个大气压条件下，水的无量纲压缩因子为 16。对室温和一个大气压下的水而言，式（4-28）可表示为

$$\frac{a\rho}{k_B T} \approx 75 \tag{4-29}$$

在模拟中，粒子数密度是个自由参数，由于粒子间的相互作用对应于粒子数密度成线性增长关系，计算每时间步长和每单位体积内所需要的 CPU 时间随数密度的二次方增长，因此在粒子数密度 ρ 的合理范围内取其最小值 3 最经济。因此，在密度 $\rho = 3$ 时代入式（4-29）可得到水的粒子间的排斥参数 $a_{ii} = 25 k_B T$。

耗散粒子动力学中的排斥压力随粒子数密度增加而软增长，因此在 DPD 系统的状态方程中不含有 ρ^3。由此，耗散粒子动力学不能描述液-气两相共存的体系，但可以描述液-液、液-固两相共存体系。这非常类似于高分子溶液的 Flory-Huggins 理论——晶格模型理论[147]。Flory-Huggins 理论的两元体系的自由能可表示为

$$\frac{F}{k_{B}T} = \frac{\phi_{A}}{N_{A}} \ln \phi_{A} + \frac{\phi_{B}}{N_{B}} \ln \phi_{B} + \chi \phi_{A} \phi_{B} \tag{4-30}$$

式中　ϕ_{A}——代表高分子 A 组分的体积分数；

　　　ϕ_{B}——代表高分子 B 组分的体积分数；

　　　N_{A}——高分子 A 的链段数；

　　　N_{B}——高分子 B 的链段数。

由于每个格子都被填满，因此 $\phi_{A} + \phi_{B} = 1$。在这种条件下，$\phi_{B} = 1 - \phi_{A}$，φ_{A} 是唯一的自由度。当 χ 值为正值时，A 和 B 接触性不好；当 χ 为负值时，A 和 B 之间的接触性比它们自身间的接触性还好。当 χ 的值为正并且较大时，体系的自由能随着 A 的体积分数增长的变化关系存在两个极小值和一个最大值。自由能 G 和化学势 μ 与 A 的体积分数 φ_{A} 的变化关系如图 4-1 所示。

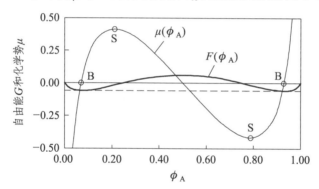

图 4-1　Flory-Huggins 理论中的自由能和化学势与 A 的体积分数的变化关系曲线

图 4-1 中 B 点就是自由能的极小值点。若分子 A 和 B 的链段数相等，即 $N_{A} = N_{B}$，则自由能为极小值点处的 χ 值可以用 ϕ_{A} 表示为

$$\chi N_{A} = \frac{\ln\left[(1-\phi_{A})/\phi_{A}\right]}{1-2\phi_{A}} \tag{4-31}$$

如果 χ 的值为正并且很小时，系统就不会产生微相分离；若 χ 值超出某一临界值，那么就将会产生 A-富集区和 B-富集区的微相分离。χ 临界值的点就是图 4-1 中的 S 点。对自由能进行二次偏导，即可得到发生微相分离的 χ 值的临界值。

$$\chi^{\mathrm{crit}} = \frac{1}{2}\left(\frac{1}{\sqrt{N_{\mathrm{A}}}} + \frac{1}{\sqrt{N_{\mathrm{B}}}}\right)^2 \tag{4-32}$$

由于模拟的系统是不可压的，并且过量压力是密度的二次方，因此耗散粒子动力学中的软球模型与 Flory-Huggins 理论中的晶格模型非常类似。对于单种组分的自由能的表达式，式（4-28）又可表示为

$$\frac{f_v}{k_{\mathrm{B}}T} = \rho \ln\rho - \rho + \frac{\alpha a \rho^2}{k_{\mathrm{B}}T} \tag{4-33}$$

对于含有两元高分子链的体系，式（4-33）又可表示为

$$\frac{f_v}{k_{\mathrm{B}}T} = \frac{\rho_{\mathrm{A}}}{N_{\mathrm{A}}}\ln\rho_{\mathrm{A}} + \frac{\rho_{\mathrm{B}}}{N_{\mathrm{B}}}\ln\rho_{\mathrm{B}} - \frac{\rho_{\mathrm{A}}}{N_{\mathrm{A}}} - \frac{\rho_{\mathrm{B}}}{N_{\mathrm{B}}} + \frac{\alpha\left(a_{\mathrm{AA}}\rho_{\mathrm{A}}{}^2 + 2a_{\mathrm{AB}}\rho_{\mathrm{A}}\rho_{\mathrm{B}} + a_{\mathrm{BB}}\rho_{\mathrm{B}}{}^2\right)}{k_{\mathrm{B}}T}$$

$$\tag{4-34}$$

假设同种粒子间的排斥参数相等 $a_{\mathrm{AA}} = a_{\mathrm{BB}}$，且两者的密度之和 $\rho_{\mathrm{A}} + \rho_{\mathrm{B}}$ 近似为以常数，则式（4-34）又可近似表示为

$$\frac{f_v}{\left(\rho_{\mathrm{A}} + \rho_{\mathrm{B}}\right)k_{\mathrm{B}}T} \approx \frac{x}{N_{\mathrm{A}}}\ln x + \frac{1-x}{N_{\mathrm{B}}}\ln(1-x) + \chi x(1-x) + \mathrm{const}(\mathrm{tan}ts) \tag{4-35}$$

其中，$x = \rho_{\mathrm{A}}/\left(\rho_{\mathrm{A}} + \rho_{\mathrm{B}}\right)$，$\chi$ 值可表示为

$$\chi = \frac{2\alpha\left(a_{\mathrm{AB}} - a_{\mathrm{AA}}\right)\left(\rho_{\mathrm{A}} + \rho_{\mathrm{B}}\right)}{k_{\mathrm{B}}T} \tag{4-36}$$

若耗散粒子动力学中的软球模型与 Flory-Huggins 理论中的自由能相等，则这里的 χ 值就是耗散粒子动力学模型与实际系统的映射关系，即从体系的 Flory-Huggins 参数就可以获得耗散粒子动力学模型中的粒子间的排斥参数。

为了证明耗散粒子动力学中的自由能如式（4-35）所示，Groot 和 Warren 进行了密度分别为 $\rho = \rho_{\mathrm{A}} + \rho_{\mathrm{B}} = 3$ 和 $\rho = 5$，排斥参数分别为 $a = a_{\mathrm{AA}} = a_{\mathrm{BB}} = 25$ 和 $a = 15$ 的模拟研究。结果发现除了不同种粒子间的排斥参数与同种粒子间的排斥参数的差值在 2～5 之间外，过量压力确实正比于 $x(1-x)$。实际应用过

程中，人们只对粒子间具有较大排斥参数的体系感兴趣，即 χ 值远大于其临界值，此时的平均密度场理论是有效的。因此，式（4-32）也就可以作为 Flory-Huggins 参数的定义式。

于是 Groot 和 Warren 又通过模拟盒子大小为 $8 \times 8 \times 20$ 密度为 3 和 5 的两元体系来确定耗散粒子动力学中的过量压力与 Flory-Huggins 参数之间的关系。通过对多个过量排斥力的模拟计算得到多个穿过两相界面厚板的 A 的体积分数 φ_A，然后分别代入到式（4-32）式，从而得到过量排斥力 $\Delta a = a_{AB} - a_{AA}$ 与 Flory-Huggins 参数之间的关系，如图 4-2 所示。

由此可得耗散粒子动力学中粒子间的排斥参数与 Flory-Huggins 参数之间对应的关系。

$$\chi = \begin{cases} (0.286 \pm 0.002)(a_{AB} - a_{AA}) & (\rho = 3) \\ (0.689 \pm 0.002)(a_{AB} - a_{AA}) & (\rho = 5) \end{cases} \tag{4-37}$$

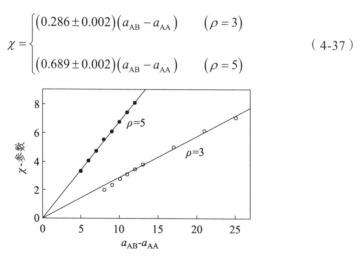

图 4-2　过量排斥力与 Flory-Huggins 参数之间的关系曲线

由此可得耗散粒子动力学中不同种粒子间的排斥参数。

$$a_{AB} = \begin{cases} a_{AA} + 3.27\chi_{AB} & (\rho = 3) \\ a_{AB} = a_{AA} + 1.45\chi_{AB} & (\rho = 5) \end{cases} \tag{4-38}$$

这样就获得了耗散粒子动力学模型与实际系统一种映射关系，即从体系的 Flory-Huggins 参数就可以获得耗散粒子动力学模拟的相互作用力参数，从而用耗散粒子动力学方法可以进行介观结构的模拟。

4.3　耗散粒子动力学中的简化单位

在求解过程中，为了方便起见，DPD 方法对模拟中的物理量进行了对比化处理。选取粒子的实际质量 m 和半径 r_c（实际上是粒子间相互作用范围）分别作为体系的质量和长度单位，以 $k_\mathrm{B}T$ 作为体系的能量单位。其他物理量可通过与它们的组合项进行对比来实现无量纲化。例如粒子的速率 v 和时间 t 可通过以下关系转换为模拟中的对比量。

$$v_\mathrm{DPD} = \frac{v}{\sqrt{\dfrac{k_\mathrm{B}T}{m}}} \qquad t_\mathrm{DPD} = \frac{t}{\sqrt{\dfrac{mr_c^2}{k_\mathrm{B}T}}} \tag{4-39}$$

第 5 章　TATB 基 PBX 造粒过程的耗散粒子动力学模拟

本章介绍耗散粒子动力学（DPD）方法研究室温状态下 TATB 基 PBX 的介观结构形貌，参考现有的实验研究，发现两者具有较好的一致性，较大程度支持了该研究方法应用在高聚物黏结炸药中的可行性。在此基础上，本书进一步介绍利用耗散粒子动力学方法研究多种氟聚物黏结剂在 TATB 基 PBX 中的扩散系数、TATB 基 PBX 介观结构形貌的温度效应、界面张力与温度的关系曲线等。

5.1　引　言

高聚物黏结炸药是高填充率的颗粒填充复合材料，高聚物与炸药之间的黏结就其本质而言是高聚物与炸药的表面、界面发生机械物理作用的结果。换言之，炸药与高聚物黏结剂之间的复合是通过界面的直接接触实现的，能表征高聚物黏结剂与炸药界面特性，如高聚物黏结剂在高聚物黏结炸药中的聚集状态、分布状况以及对炸药的包覆情况等，均与高聚物黏结炸药的力学性能、安全性能和爆炸性能密切相关[148]。因此，它们一直以来都是人们研究每种高聚物黏结炸药配方所关注的焦点和热点问题。

TATB 基 PBX 因具有安全性能好、机械强度大和易加工成型等优点，被广泛应用于现代军事、航天以及深井探矿等领域。由于 TATB 独特的分子结构及其晶型，其界面性质很不活泼，即使使用含高负电性的氟聚合物作其黏结剂，也容易发生界面脱黏现象[32]，较大程度地影响了 TATB 基 PBX 的力学性能，从而也限制了它的应用范围。因此，研究 TATB 基 PBX 的细观形貌具有重要意义，特别是对黏结剂在 TATB 基 PBX 中的分布状况进行探索和表征，以建立 PBX 的细观形貌与 PBX 综合性能的相互关系，对 TATB 基 PBX 的改进和开发具有重要意义。

5.2　模型构建和模拟细节

在 TATB 基 PBX 的制备过中广泛使用的黏结剂是含氟较高的氟聚物黏结剂，如 F_{2313}、F_{2314}。F_{23mn} 代表聚偏氟乙烯和聚三氟氯乙烯的结构单元以摩尔比为 $m{:}n$ 随机共聚的共聚物。为了研究由高聚物黏结剂内部结构单元共聚比例不同所引起的 TATB 基 PBX 介观结构形貌细微的差异，本书选取了聚偏氟乙烯和聚三氟氯乙烯的结构单元分别按照摩尔比为 1:1、1:2、1:3 和 1:4 的 4 种随机共聚物作为 TATB 基 PBX 的黏结剂，通常称为 F_{2311}、F_{2312}、F_{2313} 和 F_{2314}。

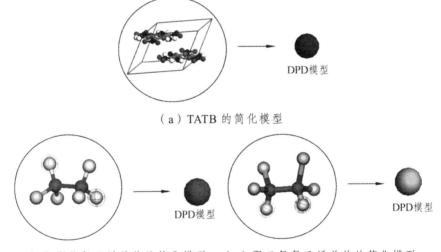

（a）TATB 的简化模型

（b）聚偏氟乙烯单体的简化模型　　（c）聚三氟氯乙烯单体的简化模型

（d）DPD 模型中的高聚物黏结剂片段

图 5-1　TATB 基 PBX 体系中的 DPD 模型

在 DPD 模型包含大量分子、原子的基团或者体系的一小块区域，都可以简化为 DPD 中的一个粒子，称其为 DPD 体系中的一个作用点。为了考查由于高聚物黏结剂内结构单元的共聚比例的不同所带来的 PBX 中的介观结构形貌的细微差异，本书将研究体系细微化，即将 TATB 分子的单晶胞简化为 DPD 的一种粒子，高聚物黏结剂中的两种结构单元简化为 DPD 的另外两种粒子，如图 5-1 所示。在图 5-1 中，为了更形象地描述，本书将简化 TATB 单晶胞和高聚物中的两种结构单元分别用蓝色、红色和绿色三种不同颜色的珠子来代表。DPD 模型中的高聚物黏结剂就是由红色和绿色珠子以相邻珠子间的弦力随机串起的一条线性珠子链。

模拟在大小为 $32 \times 32 \times 32\ r_c^3$ 且各个方向都具有周期边界条件的立方盒中进行，系统的数密度为 3，系统的总粒子数为 1.0×10^5。高聚物黏结剂与 TATB 的质量比为 5∶95，高聚物黏结剂的分子量在 10 000 左右。模拟的时间步长为 0.05，每个模拟体系的模拟步数均为 20 000。当模拟步数延长到 400 000 时，结构均仍然稳定存在，因此模拟为 20 000 已达到了稳定态。随机力 $\sigma = 3$。全部计算采用 Material Studio 中的 DPD 程序，并在 Pentium Ⅳ 1.6 G 的 PC 机上完成。

5.3　粒子间的排斥参数

在 DPD 模型中，耗散粒子动力学方法的核心就是利用这些被抛弃了细节而简化成一个个作用点的粒子间的相互作用来表征具体研究体系物质间的性质。Groot 和 Warren[105]提出了一种简单而又具有指导作用的两者之间的映射关系，即溶液理论中的 Flory-Huggins 参数与耗散粒子动力学中粒子间的排斥参数建立的一种线性关系，从而实现了从耗散粒子动力学方法中的粒子模型向具体体系的转化。若粒子间的 Flory-Huggins 参数大于 0，表示粒子间不互溶；若等于 0，表示两种粒子近似为一种粒子，可以形成均一相；若小于 0，代表两种粒子间的互溶性还大于单一粒子间的互溶性。

表 5-1　在 298K 粒子间的 Flory-Huggins 参数 χ 和排斥参数 a_{ij}（k_BT）

粒子对	χ 参数	排斥参数 a_{ij}
红色/蓝色	7.779	50.422
绿色/蓝色	11.046	61.098
红色/绿色	1.996	31.523

　　表 5-1 给出了在 298 K 时，粒子间的 Flory-Huggins 参数和 DPD 排斥参数，红色、绿色和蓝色分别代表简化为 DPD 模型的聚偏氟乙烯、聚三氟氯乙烯的结构单元和 TATB 单胞。由表 5-1 可知，聚偏氟乙烯结构单元与 TATB 间的排斥参数小于聚三氟氯乙烯结构单元与 TATB 间的排斥参数，这说明聚偏氟乙烯结构单元与 TATB 亲和性大于聚三氟氯乙烯结构单元与 TATB 间的亲和性，这种粒子间的亲和趋势与以往理论计算结果一致[90-91, 93]。

　　在下节中，本书将给出 TATB 基 PBX 分别在温度为 350 K 和 400 K 时的介观结构形貌，即温度仅仅选取了 350 K 和 400 K。由于两个温度点很难说明 TATB 基 PBX 的介观结构形貌在一定温度范围内的变化情况。因此，本书首先给出了粒子间排斥参数随温度变化的关系曲线，如图 5-2 所示。为了更好表述，本书将聚偏氟乙烯和聚三氟氯乙烯的结构单元以其英文名字中的开头字母 VDF 和 CTFE 来代替。

　　粒子间的 Flory-Huggins 参数值为正并且越大，表明粒子间的相溶性越差。由图 5-2 可知，随着温度的增加，$\chi_{CTFE/TATB}$ 和 $\chi_{CTFE/VDF}$ 单调递减，说明三氟氯乙烯结构单元与 TATB 及其与偏氟乙烯结构单元随着温度的增加，相溶性增强。但 $\chi_{VDF/TATB}$ 在温度为 350 K 时存在极大值。当温度趋于无限大时，三者趋于 0。这表明当温度足够高时，三者可以互溶。

　　比较 $\chi_{CTFE/TATB}$ 和 $\chi_{VDF/TATB}$ 随温度的变化关系，随着温度的升高三氟氯乙烯和 TATB 间的共混性一直都在增强，特别是在 200 K 以下，两者的共混性随着温度的升高急剧变好。偏氟乙烯和 TATB 间的共混性在 200 K 以下，随温度的升高共混性也增强。温度在高于 200 K 低于 350 K 的范围内，随着温度的升高共混性变差，但仍优于三氟氯乙烯与 TATB 间的共混性；当温度超过 450 K 时，随温度的升高，偏氟乙烯与 TATB 间的共混性与三氟氯乙烯与 TATB 间的共混性趋于一致，但是它们之间的共混性仍低于三氟氯乙烯与偏氟乙烯间的共混性。

综上所述，温度为 450 K 以下时，高聚物中的偏氟乙烯是与 TATB 亲和性好的基团；温度高于 450 K 时，高聚物中的三氟氯乙烯与 TATB 的亲和性与偏氟乙烯与 TATB 的亲和性一致。

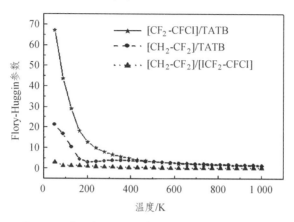

图 5-2　粒子间的排斥参数与温度的关系曲线

5.4　TATB 基 PBX 内部的微细结构

图 5-3（a）和（b）给出了 F_{2311}/TATB 和 F_{2314}/TATB 在温度为 298 K 并且经过 20 000 时间步数后在一个周期盒子中的介观结构形貌。为了便于观测高聚物黏结剂在 TATB 基 PBX 中的聚集状态及高聚物黏结剂与 TATB 间的界面形貌，本书将 TATB 颗粒设置为透明，故在盒子里突出显示的就是高聚物黏结剂, 红色球和绿色球是高聚物中聚偏氟乙烯和聚三氟氯乙烯的结构单元。图 5-3 很明显地表示了高聚物黏结剂与 TATB 的不互溶性，高聚物黏结剂产生自聚，在 PBX 中形成一个一个的高分子团，而在 TATB 间只存在着几条交织的高分子链连接着相邻的高分子团，显然高聚物对 TATB 的包覆性不好。这与姬广富等人[29]的实验观测结果相吻合，如图 5-3（c）所示。图 5-3 表示了姬广富等人利用扫描电子显微镜（SEM）观测到的 F_{2314}/TATB 切片的剖面图，黑色区域是高分子聚集区，亮色区是 TATB 颗粒。显然，高聚物产生了自聚行为，高聚物以聚团的形式分散在 TATB 颗粒间，大量的 TATB 颗粒被裸露在外，高聚物对 TATB 的包覆效果不好。

　　为了更清楚地看到高聚物在 PBX 中的分布状况，本书将盒子周期性扩展，如图 5-4 所示。图 5-4（a）、（b）、（c）和（d）分别给出了 F_{2311}/TATB、F_{2312}/TATB、F_{2313}/TATB 和 F_{2314}/TATB 经过盒子扩展后的介观形貌。由此可见，4 种高聚物都聚集成团，团与团之间由高分子链连接，4 种高聚物均在单质炸药 TATB 中形成了网状结构，TATB 就分散在由聚合物织成的网状结构中。另外，通过比较这 4 种高聚物在 PBX 中的聚集状态，发现随着聚三氟氯乙烯结构单元在高聚物中含量比例的增加，高聚物在 PBX 中除了形成大的高分子团外，还形成了较多较小的高分子团分散在 PBX 中。因此，从整体上来讲，室温下 TATB 与这四种高聚物共混性不好；由于高聚物团与团之间有高分子网络连接，可以将 TATB 固定在网络中，但难以完全包覆；另外，随着聚三氟氯乙烯结构单元在高聚物黏结剂中含量比例的增加，高聚物在 PBX 中的分散性提高。这有利于高聚物在 PBX 中形成更牢固的网格，从而把 TATB 颗粒更牢固地固定在网格内，增强了 PBX 的力学性能。因此，从本书提出的理论模拟结果可见，实验上观测到的 F_{2311} 作为黏结剂 PBX 容易发生蠕变，而 F_{2314} 作为黏结剂 PBX 的力学性能好，除了通常的从高聚物内组分含量来解释外，还可以从高聚物在 PBX 中的分散性来解释。

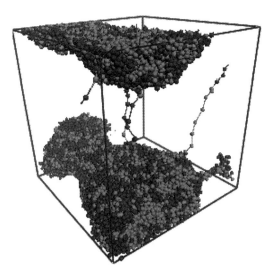

（a）$F2311$/TATB 的介观形貌

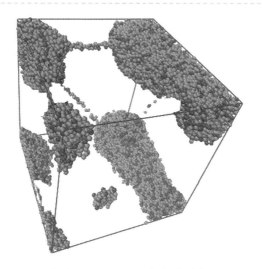

（b）F2314/TATB 的介观形貌

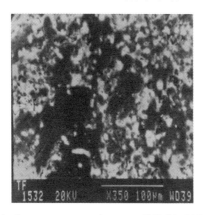

（c）F2314/TATB 在 SEM 下的剖面图

图 5-3　F2311/TATB 和 F2314/TATB 的介观形貌以及 F2314/TATB 在 SEM 下的剖面图

　　炸药与高聚物黏结剂间的黏合力是 PBX 高能混合体系中的一个非常重要的参数，关系到 PBX 的力学性能、安全性能、爆轰性能。因此，研究炸药颗粒与高聚物黏结剂间的黏合力对提高 PBX 综合性能具有重要的实际意义。另外，考虑到炸药与高聚物黏结剂间的黏结实质上就是两者相互接触界面间的物理吸附。因此，本书从 TATB 与高聚物两相间界面上的粒子分布来定性地分析 TATB 与高聚物黏结剂间的黏结性。倘若在 TATB 与高聚物间的界面上分布着较多的亲 TATB 基团，显然界面间的黏结性就好；反之，若是疏 TATB 基团较多的分布界面上，界面的结合力就差。

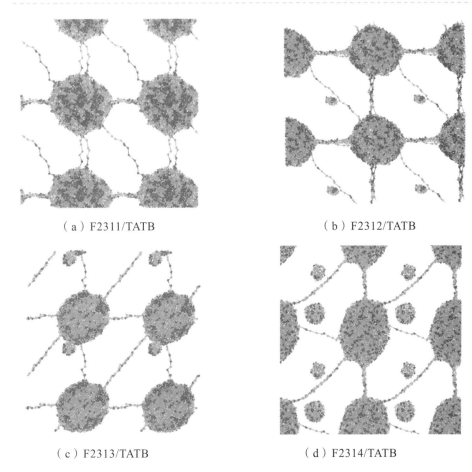

（a）F2311/TATB   （b）F2312/TATB

（c）F2313/TATB   （d）F2314/TATB

图 5-4 黏结炸药的微观结构

图 5-5 分别给出了 4 种高聚物黏结炸药中 3 种粒子在计算盒子内的数密度分布。本书将 TATB 粒子的数密度在 0.75～3 范围内都显示为蓝色，聚偏氟乙烯结构单元的数密度在 0.75～3 范围内都显示为红色，聚三氟氯乙烯结构单元都显示为绿色，密度显示标尺如图 5-5 所示。图中纯蓝色、纯红色和纯绿色代表该处只存在同一种粒子。图 5-5 中，界面间的红色区域越大代表亲 TATB 基团（聚偏氟乙烯结构单元），在界面上聚集得越多，即界面间的黏结性就越大。由图 5-5 可知，4 种高聚物黏结剂界面间的黏结力大小顺序为：F2313/TATB 与 F2312/TATB 相当，较大；F2311/TATB 与 F2314/TATB 相当，较小。即表明聚偏氟乙烯结构单元在高聚物黏结剂中的摩尔含量比例最大，黏结性并不最佳；摩尔含量最小的，黏结性也不是很好。

　　由以上分析可知，高聚物黏结炸药界面间的黏结性与高聚物黏结剂内 2 种结构单元的摩尔配比有关，存在一个最佳配比。以上现象应归因于粒子间的相互作用力。混合体系的平衡状态既是一个热力学平衡状态也是一个力学平衡状态。因此，混合体系内组分间的一种混合比例对应一种力学平衡状态，即对应一种混合体系内各组分的分布状况。

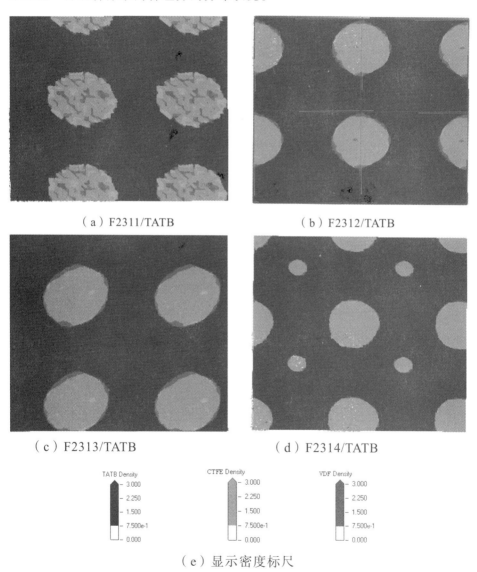

（a）F2311/TATB　　　　　　　　（b）F2312/TATB

（c）F2313/TATB　　　　　　　　（d）F2314/TATB

（e）显示密度标尺

图 5-5　4 种 TATB 基 PBX 的粒子数密度在模拟盒子中的分布及每种粒子的显示密度标尺

综上所述，本书得到如下结论：在 TATB 基 PBX 中 TATB 与高聚物黏结剂的黏结性，不是高聚物黏结剂内含有亲 TATB 基团越多黏结性就越好；黏结性的好坏，与高聚物内亲 TATB 基团和疏 TATB 之间的配比有关，存在一个最佳配比。

5.5　高聚物黏结剂在 TATB 基 PBX 中的扩散行为

PBX 中粒子的扩散系数也是衡量混合体系混合难易程度的一个重要指标。如果混合体系中各组分的扩散系数在短时间内就达到平衡，表明粒子间运动的阻尼作用较小，容易混合。为了进一步了解 PBX 中 TATB 与高聚物黏结剂混合的难易程度，本书研究了 PBX 中各组分的扩散系数随时间的变化关系，如图 5-6 所示。图 5-6 中 A 和 B 分别代表聚偏氟乙烯和聚三氟氯乙烯结构单元，两者的扩散系数相当，聚三氟氯乙烯结构单元的扩散系数比聚偏氟乙烯结构单元的扩散系数稍大，这是由于 TATB 对聚三氟氯乙烯结构单元的排斥作用比与聚偏氟乙烯结构单元的排斥作用大造成的。为了更清楚地了解粒子间的排斥作用对粒子的扩散系数的影响，本书除了研究 F_{2311}、F_{2312}、F_{2313} 和 F_{2314} 以外，为了相互佐证，还研究了聚三氟氯乙烯和聚偏氟乙烯作为黏结剂时在 TATB 基 PBX 中的扩散系数，如图 5-6 中标示的 PCTFE 和 PVDF。由图 5-6 可知，F2313 和 PCTFE 在 TATB 基 PBX 中的扩散系数需要经过较长的时间才能达到平衡，且它们的扩散系数最大，Roland 等人[149]在研究混合体系粒子的扩散系数时发现，粒子的扩散主要是由组分间化学势的差异造成的，扩散系数越大，表明组分间的化学势差越大，混合也就越困难。因此，图 5-6 表明 F_{2313} 和 PCTEF 与 TATB 间存在较大的化学势差，F_{2313} 和 PCTFE 与 TATB 混合较为困难，即 F_{2313} 和 PCTFE 与 TATB 间的共混性较差；PVDF 在 TATB 基 PBX 中的扩散系数在很短的时间内就达到平衡且最小，说明 PVDF 与 TATB 间的化学势差最小，PVDF 与 TATB 的共混性最好。

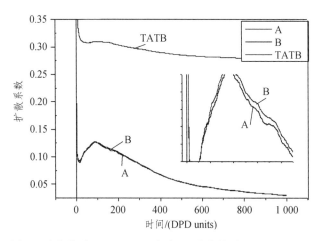

（a）聚偏氟乙烯结构单元 A、聚三氟氯乙烯结构单元 B 和 TATB 粒子在

F2311/TATB 体系中的扩散系数随时间的演变过程

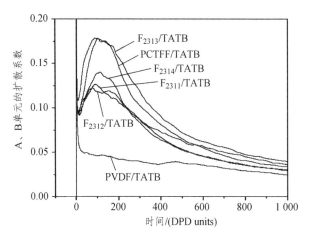

（b）聚偏氟乙烯结构单元 A 在 TATB 基 PBX 中扩散系数随时间的演变过程

图 5-6　PBX 中各组分的扩散系数随时间的变化关系

目前，为了防止高温操作时发生意外事故，在 TATB 基 PBX 造型粉的制备过程中，大多数采用在室温下进行。为了分析温度对 TATB 基 PBX 内部微细结构的影响，本书深入研究了 TATB 基 PBX 分别在 350 K 和 400 K

时的微细形貌。结果表明，升高温度能够促进氟聚物黏结剂在 TATB 基 PBX
中的分散性，以及氟聚物黏结剂对 TATB 的包覆性。图 5-7（a）所示为 350
K 温度时氟聚物黏结剂在 TATB 基 PBX 中形成的球-网状结构，但是与其在
室温下结构相比较，伸入到 TATB 间连接着高聚物黏结剂团的网络的线变
粗，这说明与室温下相比有更多的氟聚物黏结剂渗入到 TATB 间，氟聚物黏
结剂在 TATB 基 PBX 中的分散性有所增强，但是对 TATB 包覆性还不理想；
由于氟聚物黏结剂在 TATB 基 PBX 内的这种细微变化，也可以得到相关的
TATB 基 PBX 的力学性质变化信息，网格变粗，有利于促进 TATB 在氟聚
物黏结剂网格内的固定作用，从而增强 TATB 基 PBX 的力学性能。图 5-7
（b）所示为 400 K 温度时高聚物黏结剂在 TATB 基 PBX 中形成蜂窝状结构，
分散性较好，也能较好地包覆 TATB，是氟聚物黏结剂对 TATB 包覆的理想
情况。

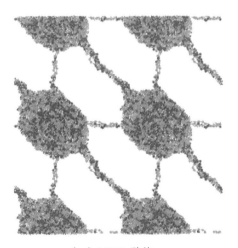
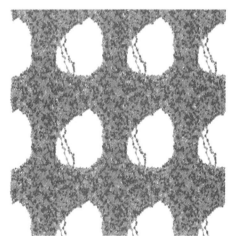

（a）350K 形貌　　　　　　　　　　　　（b）400K 形貌

图 5-7　F2311/TATB 的微观形貌

综上所述，可以得出如下结论：高温下可以获得高聚物黏结剂对 TATB
包覆较好的 TATB 基 PBX 造型粉。

5.6　界面张力随温度的变化关系曲线

界面张力是指两相间界面的单位面积自由能，是界面处两相间分子或原子相互作用的宏观表现，界面张力与界面黏附功之间存在一定关系。在界面热力学中，黏合和内聚是界面热力学关注的两个关键过程。通常将不同的两相间的界面从其平衡位置可逆地分离到无穷远所需要的功，称为黏附功，若两相相同则称之为内聚功。根据黏附功的概念，黏附功与界面张力的关系可表示为

$$W = \gamma_1 + \gamma_2 - \gamma_{12} \tag{5-1}$$

式中　γ_1——相 1 的表面张力；

γ_2——相 2 的表面张力；

γ_{12}——相 1 和相 2 的界面张力；

W——黏合功。

由式（5-1）可知，两相间的界面张力越小，两相界面的黏合功就越大。

计算黏附功的方法很多，对于低表面能物质间的黏附功，通常认为采用调和平均法计算较合适[150]。由于炸药颗粒属于低表面能物质，适合采用调和平均法。调和平均法的基本思路与式（5-1）相似，只是将界面张力细化。在耗散粒子动力学中，界面张力是通过压强张量得到的。界面张力可表示为

$$\gamma = \frac{1}{2} L_z \left[\langle P_{zz} \rangle - \frac{1}{2} \left(\langle P_{xx} \rangle + \langle P_{yy} \rangle \right) \right] \tag{5-2}$$

式中　L_z——模拟盒子 z 方向的尺寸；

p_{xx}、p_{yy}、p_{zz}——压强张量的三个对角分量。

图 5-8 给出了 F_{2311}/TATB 的界面张力随温度的变化关系。下面本书将利用式（5-1）中关于界面张力与黏附功的关系，探讨 TATB 基 PBX 界面黏合功的温度效应。

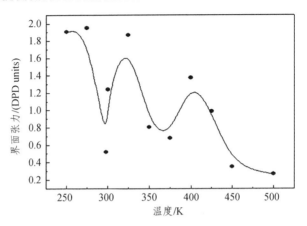

图 5-8　TATB 基 PBX 界面张力-温度的关系曲线

由图 5-8 可知，在 250 ~ 450 K 范围内，随着温度的升高，界面张力波动性地减小。由此表明，界面黏合功在 250 ~ 450 K 范围内随着温度的升高波动性地增大。为了清楚造成这种波动的原因，从多种角度来分析这种复杂体系，如粒子间的相互作用、粒子的速度、氟聚物黏结剂的分子构象等方面。粒子间的相互作用随温度的变化也存在波动。如图 5-2 所示，聚偏氟乙烯结构单元与 TATB 间的排斥作用在低于 200 K 时随温度的升高而减小，在温度高于 200 K 时随温度升高排斥作用增加，在温度为 350 K 时出现一个峰值，在温度高于 450 K 时 TATB 与偏氟乙烯结构单元间的排斥作用与三氟氯乙烯结构单元间的排斥作用相当。

综上所述，从整体来讲，界面张力随着温度的升高从整体上呈现减小的趋势，即界面间的黏结性具有增强的趋势。界面张力的波动性受到多方面因素的影响，如粒子间的排斥作用、粒子速度以及氟聚物黏结剂的分子构象等，具体原因还需要对多种影响因素做进一步地综合性分析。

本章主要采用耗散粒子动力学方法研究了 TATB 基 PBX 在 298 K、350 K 和 400 K 下的介观结构形貌，并从粒子数密度分布、扩散系数、界面张力、排斥参数等多个角度讨论了 TATB 基 PBX 的相关性质，可以得到以下结论：

（1）通过与现有的实验结果做比较，发现本书所提出的研究方法成功地模拟出了 TATB 基 PBX 在室温下的介观结构形貌。

（2）氟聚物与 TATB 的共混性不好，氟聚物在 TATB 中容易聚集成团，团与团之间由氟聚物链链接，形成线性的网状结构，这些网状结构将 TATB

固定在网格里，但不能完全包覆 TATB 颗粒。

（3）比较 4 种 TATB 基 PBX 的微细形貌，发现聚三氟氯乙烯结构单元在氟聚物黏结剂中的比例含量越高，氟聚物黏结剂在 TATB 中的分散性越好；由 4 种 TATB 基 PBX 的粒子数密度在模拟盒子中的分布情况可知，氟聚物黏结剂与 TATB 的黏结性的大小关系为：F_{2313} 和 F_{2312} 与 TATB 间的黏结性相当且较大；F_{2311} 和 F_{2314} 与 TATB 间的黏结性相当且较小。氟聚物黏结剂与 TATB 间的黏结性与氟聚物黏结剂内 2 种结构单元的配比间存在一个最佳值。因此，要达到 TATB 基 PBX 的黏结性的最佳匹配，就必须控制聚三氟氯乙烯结构单元在高聚物中的含量。

（4）提高造粒温度有助于提高氟聚物黏结剂在 TATB 中的分散性和氟聚物黏结剂对 TATB 的包覆性。

第 6 章　在硅烷偶联剂存在条件下 TATB 基 PBX 的耗散粒子动力学模拟

本章介绍利用耗散粒子动力学方法研究在硅烷偶联剂存在条件下 TATB 基 PBX 的介观结构形貌，进而探讨硅烷偶联剂在 TATB 基 PBX 中的作用机理。与现有的实验结果做比较，发现两者具有较好的一致性。本书提出的研发方法对研究偶联剂在 PBX 中的作用机理起到了推动作用，为提高 PBX 综合性能而选择合适的偶联剂提供了有价值的参考信息。同时，通过本书的研究，充实了目前尚不成熟的黏结剂与炸药间黏结机理的润湿理论、吸附理论和扩散理论。

6.1　引　言

目前，关于黏结剂与炸药间的黏结机理尚无成熟的理论。近年来，国内外提出了很多理论如吸附理论、扩散理论、润湿理论、双电层理论、酸碱配位理论等[151-152]，其中润湿理论应用最广。润湿理论认为当黏结剂的表面张力低于炸药的表面自由能时，黏结剂能很好地润湿炸药颗粒表面并铺展在炸药颗粒表面上，进而包覆性能较好，对炸药的黏结和钝感效果较佳。但是黏结剂的表面张力也不能过低于炸药颗粒的表面自由能，这样虽然黏结剂能够很好地润湿炸药颗粒表面，但是相互之间的粘附力会很低，难以黏结或出现界面脱黏。吸附理论也是一个常用理论，认为当炸药颗粒和高聚物黏结剂分子间距离足够接近时，分子间引力发生作用，这种分子间引力将高聚物分子吸附在炸药晶体表面上，使二者之间有一定的黏结力。另外，扩散理论认为炸药与高分子之间满足相似、相溶原理，两者的溶度参数相似或内聚能密度相似就可以相溶并形成黏结，是润湿理论的补充。从整体上来讲，以上三种理论分别从黏结剂对炸药的包覆、黏结剂与炸药分子间的相互作用以及黏结剂在炸药颗粒间的分散角度对黏结剂与炸药间的黏结机理进行了理论分析。这些理论相互补充，又都能解释黏结现象。

本章分别从黏结剂对炸药的包覆、黏结剂与炸药分子间相互作用以及黏结剂在炸药颗粒间的分散角度等方面进行比较分析。在添加硅烷偶联剂和未添加硅烷偶联剂时 TATB 基 PBX 的微细结构之间，特别是 TATB 基 PBX 界面上的粒子分布之间的差异进行了分析。本章的研究成果不仅可以充实高聚物与炸药颗粒黏结机理中的润湿理论、吸附理论和扩散理论，而且还有利于揭示氟聚物黏结剂与 TATB 间的黏结机理以及硅烷偶联剂在 TATB 基 PBX 中的偶联机制。

第 5 章利用耗散粒子动力学方法成功地模拟研究了 TATB 基 PBX 在多种温度下的介观结构形貌，为实验研究提供了理论参考。但是对于 TATB 基 PBX，由于 TATB 独特的分子结构和晶体结构，其表面能极低，与氟聚物黏结剂难以黏结，造成 TATB 基 PBX 容易发生界面脱黏现象，较大程度地影响了它的力学性能和安全性能，从而也限制了它的使用范围。提高高聚物黏结剂与 TATB 间的黏结性，在 TATB 基 PBX 中添加硅烷偶联剂是行之有效的方法。目前，尚不清楚偶联剂在 PBX 中的作用机理，急需理论上的指导，尚未见到有关偶联剂在 PBX 中作用机理的理论研究的报道。

第 3 章利用量子化学计算方法研究了硅烷偶联剂与 TATB 基 PBX 内各组分分子间的相互作用，从物质的本质上揭示了硅烷偶联剂与 TATB 基 PBX 内各组分分子间的作用机理，主要以分子间的相互作用能作为判断依据，预测了硅烷偶联剂在 TATB 基 PBX 中的偶联机理。为了更直观形象地观察到硅烷偶联剂在 TATB 基 PBX 中的偶联机制，本章利用耗散粒子动力学方法在介观尺度上研究了添加硅烷偶联剂时 TATB 基 PBX 的微细结构，将其与第 5 章未加入硅烷偶联剂时 TATB 基 PBX 的微细结构做了详细的比较，分别从黏结剂与炸药间黏结机理[151-152]的扩散理论、润湿理论和吸附理论等角度分析硅烷偶联剂对 TATB 基 PBX 黏结性和力学性的改善作用，进而探讨硅烷偶联在 TATB 基 PBX 中的偶联机理。结果发现在本章观察到硅烷偶联剂的偶联机制与第 3 章利用量子化学计算方法在原子分子尺度上通过硅烷偶联剂与 TATB 基 PBX 内各组分分子间的相互作用所预测的结果相一致，充分表明本书研发方法的模拟结果的可靠性，再一次证明了耗散粒子动力学方法应用于高聚物黏结炸药的可行性,也为进一步研究偶联剂在 PBX 中的作用机理的理论研究提供了理论基础,对 PBX 配方设计具有一定的参考意义。

6.2　模型构建和模拟细节

刘学涌、常昆等人[31]使用了硅烷类偶联剂 KH550、KH570、南大及磷酸酯类等偶联剂对 TATB 进行表面处理,结果表明采用偶联技术能够改善 TATB 造型粉的力学性能和氟聚物对 TATB 的黏附作用。其中,KH550 是一种较为理想的偶联剂。借鉴前人的研究,本书选用硅烷偶联剂 KH550 的水解产物 KH5501 为 TATB 基 PBX 的偶联剂,其分子结构如图 6-1 所示。

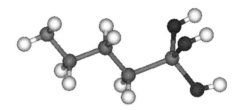

图 6-1　硅烷偶联剂水解产物的分子结构

偶联剂类似于表面活性剂,在同一分子内具有两种不同性质的官能团,一部分是亲有机分子基团,另一部分是亲无机分子基团。在 DPD 模型中,本书将硅烷偶联剂不同性质的两端简化为 DPD 模型中的两种粒子,中间由弦力连接,弹性常数为 4.0,如图 6-2 所示,键断开的地方由氢原子进行饱和。考虑到在 DPD 模型中每个粒子的质量和体积近似相等,为了减少误差将 TATB 基 PBX 进行细化。因此,本书将 TATB 晶体的最小单元 TATB 原胞简化为一种 DPD 粒子,将 TATB 造型粉中广泛使用的氟聚合物黏结剂中的两种结构单元如偏氟乙烯和三氟氯乙烯简化为 DPD 模型中的另外两种粒子,在 DPD 模型中,氟聚合物黏结剂就是这两种粒子随机组成的一条弹簧-珠子模型的线性长链,粒子间由弦力连接,弹性系数为 4.0[105]。模型如图 6-2 所示。

模拟在大小为 $32 \times 32 \times 32$ r_c^3 并且各个方向都具有周期边界条件的立方盒中进行。系统的数密度为 3,总粒子数为 1.0×10^5。高聚物、硅烷偶联剂与 TATB 的质量比为 5:0.5:94.5,高聚物的分子量为 10 000。模拟的时间步长为 0.05 t_{DPD},每个模拟体系的模拟步数为 20 000(类似于第 5 章,当模拟步数延长到 400 000 时结构仍然稳定存在，因此模拟步数为 20 000 时足够达到稳定态），随机力 σ=3。全部计算采用 Material Studio 中的 DPD 程序，在 Pentium Ⅳ　1.6 G 的 PC 机上完成。

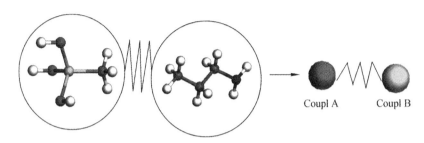

（a）硅烷偶联剂的简化模型

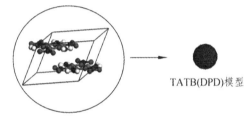

（b）TATB 的简化模型

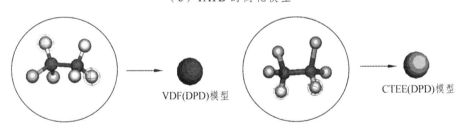

（c）聚偏氟乙烯结构单元的简化模型　（d）聚三氟氯乙烯结构单元的简化模型

（e）DPD 模型中的高聚物黏结剂片段

图 6-2　TATB 基 PBX 体系中的 DPD 模型

6.3　粒子间的排斥参数

粒子间的排斥作用代表 DPD 模型和具体研究物质体系间的纽带关系,其数值的大小决定了混合体系中组分间的共混性的好坏。本书采用 Groot 和 Warren[105]提出的一种简单而又具有代表性的两者之间的映射关系,即溶液理论中的 Flory-Huggins 参数与耗散粒子动力学中粒子间的排斥参数建立了一种线性关系。若粒子间的 Flory-Huggins 参数大于 0 表示粒子间不互溶;若等于 0 表示两种粒子近似为一种粒子,可以形成均一相;若小于 0 代表两种粒子间的互溶性大于单一粒子间的互溶性。

为了清楚地观察到硅烷偶联剂对 TATB 基 PBX 体系内粒子间排斥参数的影响,图 6-3 给出了在添加硅烷偶联剂和未添加硅烷偶联剂时 TATB 基 PBX 体系内粒子间排斥参数的柱状图。柱状图上标有"0"的代表未添加硅烷偶联剂的情况,标有"1"代表添加偶联剂的情况。纵坐标代表粒子间的排斥参数,横坐标代表 TATB 基 PBX 体系中的粒子对。V/T 表示偏氟乙烯结构单元(VDF) 和 TATB 粒子对,C/T 表示三氟氯乙烯结构单元(CTEF) 和 TATB 粒子对,V/C 表示偏氟乙烯和三氟氯乙烯结构单元粒子对。

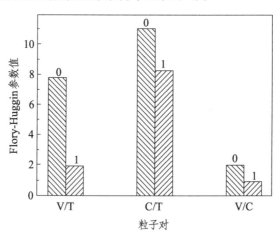

图 6-3　TATB 基 PBX 体系中粒子间的排斥参数

由图 6-3 可知,在两种体系下 Flory-Huggins 参数都大于 0,表明粒子间不互溶;但在加入硅烷偶联剂条件下,TATB 基 PBX 体系粒子间的排斥参数明显地小于未加入硅烷偶联剂的情况,表明添加硅烷偶联剂明显地提高了

TATB 基 PBX 体系中粒子间的共混性，特别是对于偏氟乙烯结构单元与 TATB 间的共混性。因此，从粒子间的排斥参数初步分析可知，添加硅烷偶联剂可以增强粒子间的共混性；另外，粒子间的排斥参数变小，说明了高聚物与 TATB 间的吸附作用增强，特别是对于亲 TATB 基团偏氟乙烯结构单元与 TATB 粒子间的吸附作用，有利于增强氟聚物黏结剂与 TATB 间的黏结性。从整体上来讲，氟聚物黏结剂与 TATB 的共混性和氟聚物黏结剂与 TATB 分子间的吸附作用增强，都预示着氟聚物黏结剂与 TATB 间的黏结作用将会增强。

6.4　在偶联剂下 TATB 基 PBX 的微细结构形貌

为了便于观察和比较，图 6-4 给出了在添加硅烷偶联剂和未添加硅烷偶联剂时 TATB 基 PBX 体系在单个周期盒子内的介观形貌透视图，TATB 设置为了透明，红色和绿色分别代表聚偏氟乙烯和聚三氟氯乙烯结构单元。由图 6-4 可知，添加硅烷偶联剂后氟聚物黏结剂对 TATB 的包覆性明显地得以改善；更多的氟聚物分子链可以将 TATB 更加牢固地固定在氟聚物的 TATB 基 PBX 所形成的网格里，从而有利于增强 TATB 基 PBX 的力学性能；另外，这两种情况下氟聚物黏结剂在 TATB 基 PBX 体系中的含量相当，氟聚物黏结剂在含有硅烷偶联剂的模拟盒子内的体积明显地比未添加时大，这说明了硅烷偶联剂还促进了氟聚物黏结剂在 TATB 基 PBX 体系中的扩散作用。因此，从氟聚物对 TATB 的包覆性和氟聚物在 TATB 中的分散性来看，硅烷偶联剂有促进氟聚物与 TATB 间黏结性的作用。这与刘学涌等人[31]在研究偶联剂对 TATB 的表面改性和改性前后的力学性能时发现采用偶联技术能够改善 TATB 造型粉的力学性能与氟橡胶对 TATB 的黏附性具有一致性。

为了更清楚看到氟聚物在 TATB 基 PBX 中的介观结构形貌，本书将模拟盒子进行周期性扩展，如图 6-5 所示，并与实验结果作了比较。结果表明，本书的模拟结果与实验结果大体上是一致的[29]，从而也再次说明了耗散粒子动力学在高聚物黏结炸药中的适用性。

由图 6-5 可知，在添加硅烷偶联剂时，氟聚物黏结剂在 TATB 基 PBX 中所占的体积比明显大于未添加硅烷偶联剂时的情况，特别是对于 F_{2311}，这说明添加硅烷偶联剂有利于增强氟聚物黏结剂在 TATB 基 PBX 中的扩散性；同时，由于氟聚物黏结剂在 TATB 基 PBX 内的分散性增强，也说明了氟聚物黏结剂与 TATB 间的接触面积增大，即包覆性增强。

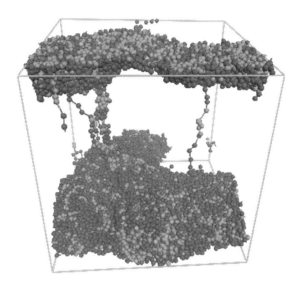

（a）F2311/TATB/KH550

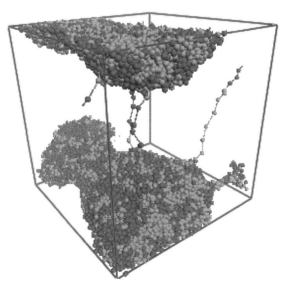

（b）F2311/TATB

图 6-4　在添加硅烷偶联剂和未添加时 TATB 基 PBX 体系在单个
周期盒子内的介观形貌透视图

　　扩散理论其实是润湿理论的补充，这是因为扩散理论和润湿理论最终都表现为共混体系两相间的接触面积增大，这个理论在如图 6-5 中可以体现出来。由图 6-5 可知，在添加硅烷偶联剂时，氟聚物黏结剂在模拟盒子中占有体积比明显比未添加硅烷偶联剂时大，说明添加硅烷偶联剂可以提高氟聚物黏结剂在 TATB 基 PBX 中的扩散性，由于更多的氟聚物黏结剂扩散到 TATB 炸药中，从而增大了氟聚物黏结剂与 TATB 间的接触面积；同时，由氟聚物黏结剂与 TATB 间接触面积的增大，也说明了氟聚物黏结剂在 TATB 表面上的铺展性增强，即氟聚物黏结剂对 TATB 的润湿效果增强。因此，在扩散理论中体现出了扩散性质的增大，最终也表现出两相间润湿效果的增强，扩散理论与润湿理论两者是息息相关的。

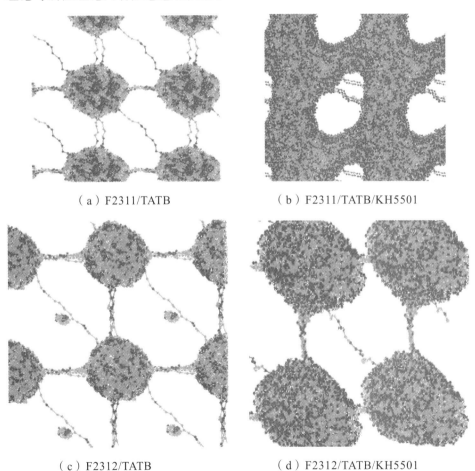

（a）F2311/TATB　　　　　　　　（b）F2311/TATB/KH5501

（c）F2312/TATB　　　　　　　　（d）F2312/TATB/KH5501

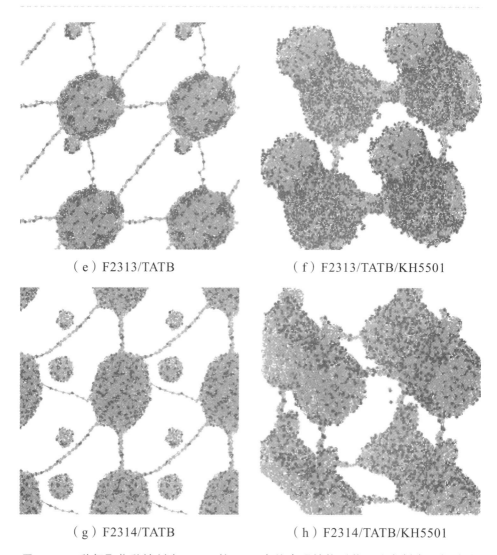

（e）F2313/TATB　　　　　　　（f）F2313/TATB/KH5501

（g）F2314/TATB　　　　　　　（h）F2314/TATB/KH5501

图 6-5　四种氟聚物黏结剂在 TATB 基 PBX 中的介观结构形貌图（左侧未添加硅烷
偶联剂，右侧添加了硅烷偶联剂）

　　为了证实本书模拟结果的可靠性，与实验结果作了比较。图 6-6 给出了
实验过程中通过扫描电子显微镜观察到的实验结果[29]。图 6-6（a）是 F_{2314}：
TATB 质量比为 5：95 造型粉切片的扫描电子显微镜照片，图 6-6（b）是硅
烷偶联剂：F_{2314}：TATB 质量比为 0.5：5：94.5 造型粉切片的扫描电子显微
镜照片。由图 6-6 可知，未加入硅烷偶联剂时，在 F_{2314} / TATB 造型粉中存

在较多的未被黏结剂包覆而裸露在外的 TATB 颗粒,大部分黏结剂聚集成团,对 TATB 难以包覆;在添加了硅烷偶联剂的照片中,氟聚物黏结剂连成很大一片,表面堆砌比较紧密,TATB 颗粒外露得较少,整体包覆较为完整。因此,实验结果说明添加硅烷偶联剂能较大程度地提高氟聚物黏结剂对 TATB 的包覆性以及氟聚物黏结剂在 TATB 间的分散性。因此,本书研究理论的模拟结果与实验结果具有一致性。这充分表明了本书模拟结果的可靠性以及耗散粒子动力学方法在高聚物黏结炸药体系中的适用性,这为高聚物黏结炸药的配方设计开辟一条简便易行而又具有实际意义的新途径。

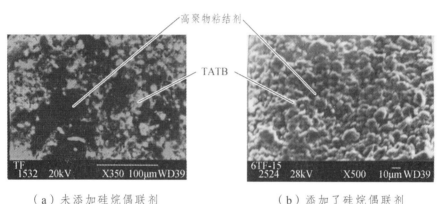

（a）未添加硅烷偶联剂　　　　　　　　（b）添加了硅烷偶联剂

图 6-6　F_{2314}/TATB 造型粉切片的扫描电子显微镜照片

以上分别利用黏结剂与炸药间黏结机理中的扩散理论和润湿理论分析讨论了含氟高聚物与 TATB 间的黏结性,结果发现本书的理论分析结果与实验结果具有一致性[31],因此,黏结剂与炸药颗粒间黏结机理中的扩散理论和润湿理论在此得到了充实。

吸附理论在分析两相物质界面间的黏结性领域得到了广泛应用,特别是在界面热力学领域。若在界面上分布着两相粒子间吸附能力较强的粒子,那么两相间的界面张力就小,两相间的黏附功也就越大。以下分别给出氟聚物在 TATB 基 PBX 中的氟聚物团的剖面图和 TATB 基 PBX 内各粒子在周期盒子内的粒子数密度分布,采用吸附理论来解释氟聚物与 TATB 间的黏结性质。

图 6-7 给出了氟聚物 F_{2311} 在 TATB 基 PBX 中 F_{2311} 团剖面图,图 6-7(a)为未添加硅烷偶联剂时的情况,图 6-7 (b)为添加硅烷偶联剂时的情况。未添加硅烷偶联剂时,在 F_{2311} 内发生了类似于高聚物黏结剂热塑性聚氨酯弹性体中的微相分离[153],氟聚物黏结剂内的两种结构单元产生了无规则的微小富

集区。添加硅烷偶联剂时，在 F_{2311} 团内也发生了微相分离，但与 TATB 亲和性较好的偏氟乙烯结构单元却更多地富集居于氟聚物黏结剂团的表面上，而与 TATB 亲和性较差的三氟氯乙烯结构单元却富集居于氟聚物黏结剂团的内部。因此，在添加了硅烷偶联剂后，氟聚物黏结剂与 TATB 间界面上的粒子间的相互作用实质上变成了 TATB 粒子与 TATB 亲和性较好的偏氟乙烯结构单元粒子间的相互作用。明显地，在界面上聚集较多的偏氟乙烯结构单元的两相粒子间的吸附作用比界面上分布较多的三氟氯乙烯结构单元的要大，添加硅烷偶联剂增强了氟聚物黏结剂与 TATB 界面间的黏结作用。由此，黏结剂与炸药间黏结机理的吸附原理在这里得以体现，同时氟聚物黏结剂与 TATB 间的黏结机理在这里也得到了更加直观和形象的描述。

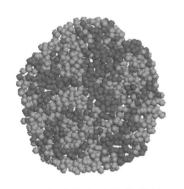 

（a）未添加硅烷偶联剂　　　　　（b）添加硅烷偶联剂

图 6-7　在 TATB 基 PBX 内 F_{2311} 团的剖面图

为了能够更清楚地观察硅烷偶联剂对 TATB 基 PBX 内各粒子的分布状况的影响，特别是在界面上的分布情况。本书给出了 4 种 TATB 基 PBX 在添加硅烷偶联剂和未添加硅烷偶联剂时各粒子在周期盒子内的粒子数密度分布，如图 6-8 所示。本书将 TATB 粒子的数密度在 0.75 ~ 3 范围内都显示为蓝色，偏氟乙烯结构单元的数密度在 0.75 ~ 3 范围内都显示为红色，三氟氯乙烯结构单元都显示为绿色。硅烷偶联剂两端粒子的数密度在 0.75 ~ 3 范围内分别显示为紫色和天蓝色。密度显示标尺如图 6-8 所示，图中显示的纯蓝色、纯红色、纯绿色、纯紫色和纯天蓝色代表该处只存在同一种粒子。图 6-8（a）、（c）、（e）、（g）未添加硅烷偶联剂，图 6-8（b）、（d）、（f）、（h）添加硅烷偶联剂。

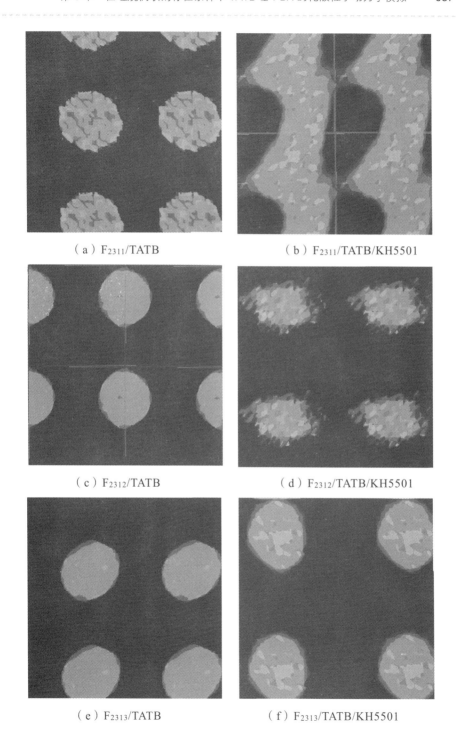

（a）F$_{2311}$/TATB　　　　　　　　　（b）F$_{2311}$/TATB/KH5501

（c）F$_{2312}$/TATB　　　　　　　　　（d）F$_{2312}$/TATB/KH5501

（e）F$_{2313}$/TATB　　　　　　　　　（f）F$_{2313}$/TATB/KH5501

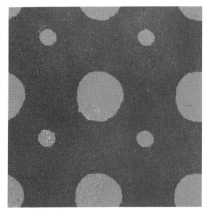 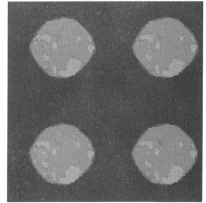

（g）F$_{2314}$/TATB　　　　　　　（h）F$_{2314}$/TATB/KH5501

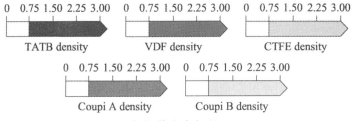

（i）数密度标尺

图 6-8　四种 TATB 基 PBX 体系中各粒子在周期性扩展的
盒子内的粒子数密度分布及每个粒子的数密度标尺

由图 6-8 可知，添加硅烷偶联剂后 TATB 界面上的红色区域明显变大，红色区域越大说明此处富集的偏氟乙烯结构单元越多，特别是对 F$_{2311}$/TATB 体系影响最大，这应归因于在 F$_{2311}$ 中偏氟乙烯结构单元含量最高造成的。在添加硅烷偶联剂的 TATB 基 PBX 内，氟聚物团的内部大多数分布是绿色区域，零星地分布着紫色和天蓝色区域，这说明三氟氯乙烯结构单元较多地富集在氟聚物团的内部，同时硅烷偶联剂的两端也都分布在氟聚物黏结剂团的内部。界面间的红色区域越大，代表着与 TATB 亲和性较好的偏氟乙烯结构单元在界面上聚集得越多，故而界面上两相粒子间的吸附能力越强，界面间的黏附功也就越大。由此可见，黏结剂与炸药间黏结机理中的吸附理论在这里也得以体现。

6.5 硅烷偶联剂在 TATB 基 PBX 中的作用机理

到目前为止，有关在高聚物黏结炸药中添加偶联剂的报道屡见不鲜，但大多数都是关于偶联剂对高聚物黏结炸药改性方面的研究，如炸药颗粒的表面改性[24]、高聚物黏结剂分子改性[21-23]以及对造型粉整体综合性质的改进 28,31]等；也有极少数报道了偶联剂在高聚物黏结炸药中的作用机理。例如有人认为偶联剂的氨基中的氢原子与 TATB 硝基中的氧原子形成氢键作用改变了 TATB 的表面性质[95]。但是从整体上来讲，现有研究通常认为偶联剂对高聚物黏结炸药的改性是通过偶联剂分子的一端黏结填料另一端黏结高聚物，在复合体系中起到"分子桥"的连接作用而发生的。但是，本书在研究过程中却发现了硅烷偶联剂在 TATB 基 PBX 中的作用机理的特殊性。

如图 6-5 所示，在 TATB 富集区（透明区）内和在 TATB 与氟聚物间的界面上除了 F_{2314}/TATB 以外均未发现硅烷偶联剂的存在。在图 6-8 中，却发现硅烷偶联剂（紫色和天蓝色区）连同三氟氯乙烯结构单元一起聚集在氟聚物黏结剂团的内部，而与 TATB 亲和性较好的偏氟乙烯结构单元却富集在氟聚物黏结剂团的表面，与 TATB 的界面相连，氟聚物黏结剂与 TATB 间的黏结性质是由界面上富集着较多的与 TATB 亲和性较好的偏氟乙烯结构单元而改进的。由此，本书可以得出硅烷偶联剂 KH550 的水解产物在 TATB 基 PBX 中的作用机理：硅烷偶联剂将与之作用较好的氟聚物内的三氟氯乙烯结构单元聚集在它的周围，一起富集在氟聚物黏结剂团的内部，而将与其作用差的偏氟乙烯结构单元排挤在高聚物团的表面，从而使得在氟聚物黏结剂与 TATB 界面间上富集着较多的与 TATB 亲和性较好的粒子——偏氟乙烯结构单元，进而促进了两相界面间的吸附作用，提高了界面的黏结性质。到目前为止，有关硅烷偶联剂在 TATB 基 PBX 中作用机理的尚未见类似报道，这种特殊的偶联剂机理值得引起炸药工艺研究者的关注。

目前，虽然还未见有人提出硅烷偶联剂的水解产物这种特殊的偶联剂机理，但是在一些实验数据上却映射出了这种特殊的偶联机制。图 6-9 显示出了姬广富等人[90]通过实验测量得到的在添加硅烷偶联剂和未添加硅烷偶联剂时 TATB 造型粉经过 350 天后氟聚合物分子量的实验数据变化情况。由图 6-9 可知，在添加硅烷偶联剂和未添加硅烷偶联剂时 TATB 基 PBX 体系内的氟聚合物在放置了 350 天后，氟聚合物的分子量均减小，这说明了氟聚合物随时间发生了老化现象，产生了降解化学反应。但是再比较添加硅烷偶联剂和未添加硅烷偶联剂时的情况，明显地发现在含有硅烷偶联剂的造型粉内氟聚合物的分子量显著增大了，这种现象的唯一解释就是硅烷偶联剂与氟聚合物具有较强的相互作用，从而使得硅烷偶联剂与氟聚合物间发生缩合反应或者高聚物间发生了聚合反应。由以上分析可知，硅烷偶联剂与氟聚合物间确实存在强相互作用，此现象在较大程度上映射了本书第 5 章利用耗散粒子动力学方法所观察到的硅烷偶联剂的特殊偶联机制，对硅烷偶联剂的这种特殊的偶联机制具有较强的说服力。由本书第 3 章可知，在原子、分子尺度上采用了量子化学计算方法从物质的本质上研究了硅烷偶联剂与 TATB 基 PBX 内各组分分子间的相互作用，并精确计算出了硅烷偶联剂与 TATB 基 PBX 内各组分分子间的相互作用能，结果发现硅烷偶联剂中 O 的孤对电子与三氟氯乙烯结构单元中 C-F 的反键轨道间与其他轨道间相比，存在最大的稳定化能；并且硅烷偶联剂与氟聚物片段混合体系的最稳定构型的分子间相互作用能大于硅烷偶联剂与 TATB 间的最稳定构型的分子间作用能。因此，在硅烷偶联剂、TATB 与氟聚物黏结剂三者共存的混合体系中，通过以上结果可以预测出，硅烷偶联剂应较大程度地聚集在氟聚物黏结剂的内部，这与本章的模拟结果吻合较好。本书第 3 章中关于硅烷偶联剂在 TATB 基 PBX 中的偶联机制的预测结果在本章也得到了验证，这也再次充分说明了本书模拟结果的可靠性，以及耗散粒子动力学应用到高聚物黏结炸药中的可行性。

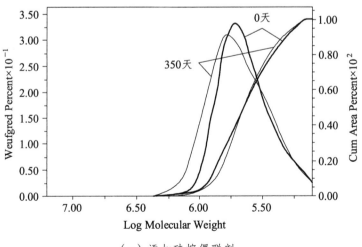

（a）添加硅烷偶联剂

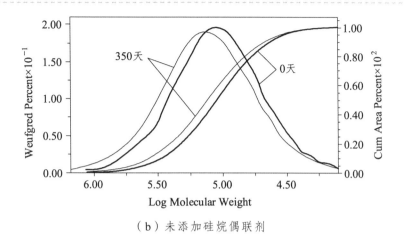

（b）未添加硅烷偶联剂

图 6-9　TATB 基 PBX 在添加硅烷偶联剂和未添加硅烷偶联剂时在当天或在放置了
350 天后的分子量的变化曲线

　　综上所述，本书发现的这种硅烷偶联剂在 TATB 基 PBX 中的特殊偶联机制在实验和理论上都得到了支持，这充分表明了这种特殊偶联机制存在的可能性。这种特殊的偶联机制，值得引起炸药工作者们的关注，这对选取合适的偶联剂提高高聚物黏结炸药的综合性能具有重要的实际意义。

　　本章介绍了利用耗散粒子动力学方法研究在添加硅烷偶联剂时 TATB 基 PBX 的介观形貌。通过与未添加硅烷偶联剂时的情况相比较，并分别采用了黏结剂与炸药间黏结机理的吸附理论、扩散理论和润湿理论来分析研究了硅烷偶联剂对 TATB 基 PBX 界面间黏结性质的促进作用，在一定程度上充实了尚不成熟的黏结剂与炸药间黏结机理的吸附理论、扩散理论和润湿理论，还较清晰地反映了氟聚物黏结剂与 TATB 间的黏结机理以及硅烷偶联剂的特殊的偶联机制。在本章中，最值得关注的就是硅烷偶联剂在 TATB 基 PBX 中作用机理的特殊性。硅烷偶联剂不像人们通常所认为的偶联剂那样——偶联剂的一端亲炸药而另一端亲黏结剂，在炸药与黏结剂间起到"分子桥"的连接作用。本书研究发现，硅烷偶联剂将与 TATB 亲和性差的三氟氯乙烯结构单元拽拉在它的周围，一起聚集在氟聚物团的内部，而将与 TATB 亲和性好的偏氟乙烯结构单元排挤在氟聚物团的表面，即偶联剂可使得与 TATB 亲和性好的偏氟乙烯结构单元较多地聚集在 TATB 和氟聚物黏结剂间的界面，提高了 TATB 与氟聚物黏结剂间的黏结作用。目前，尚未有人提出硅烷偶联剂的这种偶联机制，但是一些实验数据却暗示了这种偶联机制存在的可能性，这也能够合理解释实验过程遇到的相关疑难问题。另外，本书的研究结果也支持了第 3 章利用量子化学计算方法从所得到的结果中预测出来的硅烷偶联剂的偶联机理，两者具有一致性。

综上所述，本书的研究结果分别得到了实验研究和理论预测结果的支持，这充分说明了本书模拟结果的可靠性以及耗散粒子动力学应用在高能体系中的可行性。另外，本书研究结果为黏结剂与炸药间黏结机理以及偶联剂的偶联机制提供了一定的参考信息，也为高聚物黏结炸药的配方设计和高聚物黏结炸药选择合适的偶联剂提供了一种简单易行的新方法和新思路，具有一定的应用价值和实际意义。

第 7 章 高聚物黏结剂溶液的耗散粒子动力学模拟

本章介绍采用耗散粒子动力学方法研究氟聚物黏结剂分别在不同浓度的乙酸乙酯和乙酸丁酯溶剂中链的伸展状况。这为在 TATB 造型粉的制备过程中选择合适的氟聚物、溶剂和浓度来获得性能优良的造型粉提供了一定的参考信息。

7.1 引　言

以 TATB 为基的高聚物黏结炸药（PBX）多采用氟聚合物作其黏结剂，因含氟高聚物具有良好的耐热性、耐老化性和相容性；具有较高的密度；在发生爆炸后含有的氟原子因生成氟化氢而放出大量的能量。因此，以 TATB 为基的高聚物黏结炸药（PBX）在混合炸药中应用相当广泛，特别适用于类似 TATB 这类耐高温钝感的特殊炸药。

在制备 TATB 造型粉的过程中，由于选取不同的氟聚合物黏结剂，或造粒时使用不同的溶剂，或不同的浓度，都将影响氟聚合物溶液对 TATB 的润湿效果以及氟聚合物对 TATB 的黏结和包覆作用，进而会影响到 TATB 基 PBX 的综合性能。因此，要获得氟聚物对 TATB 包覆性能好、黏结性能好的造型粉颗粒，除了需要选择合适的氟聚物黏结剂外，在制备造型粉过程中选择合适的氟聚物的溶剂和浓度也至关重要。

从实质上讲，氟聚合物溶液对 TATB 的润湿效果的好坏是由氟聚合物在溶剂中链的伸展状况决定的。在氟聚合物分子量确定的情况下，若它在溶液中处于卷曲状，彼此相互缠结，分子链不能充分伸展，分散不均匀，溶液黏度大，则它对 TATB 的润湿性就差；若分子链在溶液中充分伸展，分子间容易相互滑移，溶液的黏度小，溶液对 TATB 的润湿效果就好，从而使得氟聚合物能够对 TATB 进行较好的包覆。

在高分子溶液理论中，如果高分子的分子量确定，那么高分子在溶液中的均方根末端距和回旋半径是描述高分子在溶液中链段伸展状况的两个重要物理量。因此本书利用耗散粒子动力学方法研究了两种具有代表性的氟聚合物 F_{2311} 和 F_{2314} 分别在不同浓度的乙酸乙酯和乙酸丁酯溶剂中的均方根末端距和回旋半径，以期在制备 TATB 造型粉过程中选择合适的氟聚物、溶剂和浓度来获得性能优良的造型粉提供理论指导。

7.2　模型构建和模拟细节

为了更接近实际情况，将 F_{2311} 和 F_{2314} 的链长均取为 450，相当于氟聚合物的聚合度 $n=450$，其分子量分别为 41 512 和 48 600，与氟聚合物的实际最低分子量 70 900 相接近。在 DPD 模型中，由于其定义了每种粒子的质量和体积均等于 1，为了减少误差，在建立 DPD 模型时应尽量使每种粒子的实际体积和质量尽可能地接近；同时，由于计算资源有限，不可能将高分子的链长取得很长。在 DPD 模型中，选取了乙酸乙酯和乙酸丁酯的两种溶剂分子分别为 DPD 中的两种粒子，F_{2311} 和 F_{2314} 中的两种结构单元偏氟乙烯和三氟氯乙烯分别为 DPD 中的另外两种粒子。

模拟在大小为 $32 \times 32 \times 32$ r_c^3 且各个方向都具有周期边界条件的立方盒中进行，系统的数密度为 3，系统的总粒子数为 1.0×10^5。模拟的时间步数为 40 000 步，时间步长为 0.05，随机力 $\sigma = 3$。在 DPD 模拟中，已有许多人[57]证实，DPD 所能统计的一些宏观性质和微观物理量对系统形态的变化不敏感，不能反映系统在某一时刻所处的状态是否达到平衡。例如压强和温度，它们在模拟开始不久就由初始值达到平衡值，在随后的演变过程中仅仅在平衡值附近发生涨落，并没有太大的变化，如图 7-1 所示。目前，判定系统是否平衡通常采用观察结构的时间演变来确定。在本研究中，将模拟时间步数延长到 400 000 步，发现系统的形态与 40 000 时相同，因此，将模拟的步数设置为 40 000 可以使系统得到充分的平衡状态。全部计算采用 Material Studio 中的 DPD 程序，在 Pentium Ⅳ 1.6 G 的 PC 机上完成。

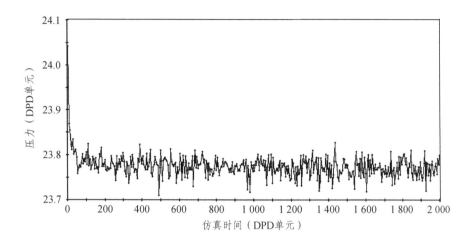

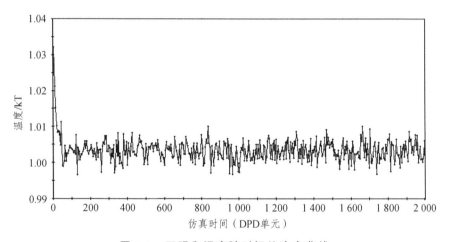

图 7-1　压强和温度随时间的演变曲线

7.3　粒子间的排斥参数

在本研究中，本书采用了 Groot 和 Warren[105]提出的一种简单而又具有代表性的 DPD 粒子与具体物质体系之间的映射关系，即溶液理论中的 Flory-Huggins 参数与耗散粒子动力学中粒子间的排斥参数建立的一种线性关系。粒子间的 Flory-Huggins 参数表征了粒子间的相溶性。若粒子间的 Flory-

Huggins 参数为正值且较大，说明粒子间共混性较差，若 Flory-Huggins 参数为负值，说明这两种粒子的共混性比同种粒子间的共混性还好。表 7-1 给出了氟聚物的乙酸乙酯溶液和乙酸丁酯溶液粒子间的排斥参数。由表 7-1 可知，氟聚物内的两个结构单元 VDF 和 CTFE 与乙酸丁酯溶剂分子间的排斥参数略大于与乙酸乙酯溶剂分子间的排斥参数，这说明与乙酸丁酯溶剂相比，氟聚物较易溶于乙酸乙酯溶剂。

表 7-1　氟聚物的乙酸丁酯和乙酸乙酯溶液中粒子间的排斥参数

溶液	粒子对	χ 参数	排斥参数 a_{ij}（$k_B T$）
氟聚物的乙酸乙酯溶液	VDF/CTFE	0.135 1	25.442
	VDF/乙酸乙酯	0.798 2	27.609
	CTFE/乙酸乙酯	$-0.849\,5$	22.257
氟聚物的乙酸丁酯溶液	VDF/CTFE	0.134 9	25.441
	VDF/乙酸丁酯	1.755 6	61.098
	CTFE/乙酸丁酯	0.159 8	31.523

7.4　均方根末端距和回旋半径

高分子的分子尺度是描述高分子构象的一个重要参数。当高分子链趋于卷曲的构象时，分子尺寸就比较紧缩；当高分子链趋于舒展的构象时，分子尺寸就要扩张。高分子的均方根末端距和回旋半径就是描述高分子链尺寸的两个重要的物理量[154]。

均方根末端距代表统计意义上的线性高分子从一端到另一端距离平方根的平均值。假设某一给定系统中有 M 个高分子链，每个高分子链的链节数均为 n，其头和末端链节点的坐标分别为（x, y, z）和（x_n, y_n, z_n）。则在该系统中高分子的均方根末端距的计算公式可表示为

$$\langle R \rangle = \frac{\sum\limits_{i=1}^{M}\left(\left(x_n - x\right)^2 + \left(y_n - y\right)^2 + \left(z_n - z\right)^2\right)^{1/2}}{M} \tag{7-1}$$

式中　$\langle R \rangle$——高分子末端距离的统计平均值。

回旋半径代表高分子的质心到每个节点距离的质量的平均值，然后再对体系中所有高分子进行统计平均值。由于本体系中高分子每个链节的质量均为 1，回旋半径中定义的距离质量的平均值在本系统中仅相当于距离的平均值。假设某一给定系统有 m 个高分子链，每个高分子链的链节数均为 n，每个链节质量都为 1，某高分子内的第 i 个链节质点的坐标为（x_i, y_i, z_i）。则该高分子的质心坐标可表示为

$$\begin{cases} x_{质心} = \dfrac{1}{n}\displaystyle\sum_{i=1}^{n} x_i \\[2mm] y_{质心} = \dfrac{1}{n}\displaystyle\sum_{i=1}^{n} y_i \\[2mm] z_{质心} = \dfrac{1}{n}\displaystyle\sum_{i=1}^{n} z_i \end{cases} \tag{7-2}$$

那么系统内高分子回旋半径的统计平均值可表示为

$$\langle S \rangle = \frac{1}{mn}\sum_{j=1}^{m}\sum_{i=1}^{n}\left(\left(x_i - x_{质心}\right)^2 + \left(y_i - y_{质心}\right)^2 + \left(z_i - z_{质心}\right)^2\right)^{1/2} \tag{7-3}$$

式中　$\langle S \rangle$——系统内高分子回旋半径的统计平均值。

7.5　自组编程

在 DPD 模拟结果中，不能直接得到高分子的均方根末端距和回旋半径，但可以得到模拟盒子内所有粒子的笛卡尔坐标。由此，根据均方根末端距和回旋半径的定义自主编程，再由高分子中各粒子的坐标，便可得到每个高分子的均方根末端距和回旋半径，然后再统计做平均，从而得到一个统计平均值。自编程序如下。

均方根末端距：

```
program main
implicit none
integer,parameter::bead_num=_,chain_num=_
```

```fortran
      real(kind=8)::bead_coord(3,bead_num,chain_nu),coordx1,coordz1,coordy1,
coordx2,coordz2,coordy2,pr,r                 //设置参数
      integer i,j,nt
      character(len=200):: ip_file="_"
      open(unit=10, file=ip_file)
      ! read the bead coordinates
      pr=0
      do nt=1, chain_num
          read(10,*)((bead_coord(j,i,nt),j=1,3),i=1,bead_num)
          //读取含有粒子笛卡尔坐标的数据库
        end do
      close(10)
      do nt=1,chain_num
      coordx1=0
      coordy1=0
       coordz1=0
         coordx2=0
         coordy2=0
         coordz2=0
         r=0
//为参数赋值于某个高分子链的端头坐标
      coordx1=coordx1+bead_coord(1,1,nt )
       coordy1=coordy1+bead_coord(2,1,nt )
      coordz1=coordz1+bead_coord(3,1,nt )
//为参数赋值与某个高分子链的末端坐标
      coordx2=coordx2+bead_coord(1,bead_num,nt )
      coordy2=coordy2+bead_coord(2,bead_num,nt )
      coordz2=coordz2+bead_coord(3,bead_num,nt )
        r=r+((coordx1-coordx2)**2+(coordy1-coordy2)**2+(coordz1-coordz2)**2)
      write(*,*)"r=", r
        pr=pr+r
      end do
      pr=pr/_
```

```fortran
write(*,*) "pr=", pr
stop
end
//回旋半径：
program main
implicit none
integer,parameter::bead_num=_,chain_num=_
real(kind=8)::bead_coord(3,bead_num,chain_num),coordx,coordz,
coordy,radiu,pradiu              //设置参数
integer i,j,nt
character(len=200)::ip_file="_"
open(unit=10, file=ip_file）
! read the bead coordinates
pradiu=0
do nt=1, chain_num
    read(10,*)((bead_coord(j,i,nt),j=1,3),i=1,bead_num)
              //读取含有粒子笛卡尔坐标的数据库
end do
 close(10)
 do nt=1,chain_num
    coordx=0
    coordy=0
    coordz=0
 do i=1,bead_num
   coordx=coordx+bead_coord(1,i,nt
 end do
coordx=coordx/_      //计算某个高分子链质心坐标的 x 分量
 do i=1,bead_num
   coordy=coordy+bead_coord(2,i,nt)
 end do
coordy=coordy/_      //计算某个高分子链质心坐标的 y 分量
 do i=1,bead_num
   coordz=coordz+bead_coord(3,i,nt)
```

```
    end do
    coordz=coordz/_      //计算某个高分子链质心坐标的 z 分量
    radiu=0
    do i=1,bead_num
        radiu=radiu+((bead_coord(1,i,nt)-coordx)**2+(bead_coord( 2,i,nt )-coordy )**2+
（ bead_coord(3,i,nt ）**2)**0.5
    end do
    radiu=radiu/_    //计算某个高分子的回旋半径
    write（*,*）"radiu=", radiu
    pradiu=pradiu+radiu //对所有的高分子链的回旋半径求和
    end do
        pradiu=pradiu/_ //对回旋半径作平均
    write（*,*）"pradiu=", pradiu    //输出结果
    stop
    end
```

7.6   选择溶剂

不同溶剂具有不同性质，因此在不同的溶剂中，氟聚物的链的伸展状况也不同。图 7-2 给出了 F_{2311} 分别在乙酸乙酯和乙酸丁酯溶剂中的均方根末端距和回旋半径随浓度的变化曲线。由图 7-2 可知，F_{2311} 在乙酸乙酯溶剂中，低浓度下的均方根末端距和回旋半径均较大，说明能充分伸展。浓度大于 10% 时，F_{2311} 的均方根末端距和回旋半径几乎是线性减小，这是因为随着 F_{2311} 浓度的增加，高分子在溶液中变得越来越拥挤，链段与链段间的排斥作用越来越大，从而使得 F_{2311} 逐渐趋于卷曲。在乙酸丁酯溶剂中，低浓度下 F_{2311} 是卷曲的，这说明 F_{2311} 与乙酸丁酯相溶性不好，F_{2311} 在其内不能充分伸展。随着 F_{2311} 浓度的增加，F_{2311} 的均方根末端距和回旋半径均变大，这是由于链段间的吸附作用造成的。因为 F_{2311} 链段间的相互作用相对于链段与乙酸丁酯溶剂分子来讲，F_{2311} 的链段之间是吸附作用。因此，随着 F_{2311} 浓度的增大，F_{2311} 受到的邻近链段的吸附作用增强而发生溶胀，即表现出其均方根末端距和回旋半径随浓度的增加而变大。

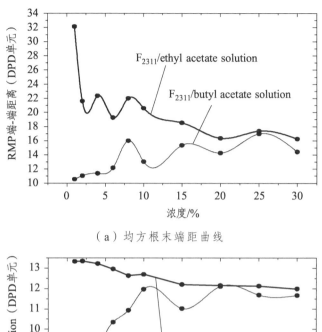

（a）均方根末端距曲线

（b）回旋半径曲线

图 7-2　在乙酸乙酯和乙酸丁酯溶剂中 F_{2311} 的
均方根末端距和回旋半径随浓度的变化曲线

图 7-3 给出了 F_{2314} 在乙酸乙酯和乙酸丁酯溶剂中的均方根末端距和回旋半径随浓度的变化曲线。由图 7-3 可知，在乙酸乙酯和乙酸丁酯中，F_{2314} 链段的伸展状况相近。在稀溶液中链段的伸展状况随浓度的变化波动较大，在浓度最稀时能充分伸展；在浓度大于 10%时，链段伸展状况不好，但随着浓度的提高，几乎保持恒定。对于 F_{2314} 的回旋半径，在浓度小于 20%时随浓度的变化波动较大；浓度大于 20%时 F_{2314} 在乙酸丁酯中急剧卷曲。与实验相比，聂福德、孙杰等人[155]发现在同种浓度下 F_{2314} 的乙酸丁酯溶液对 TATB 颗

粒的润湿性明显地好于 F_{2314} 的乙酸乙酯溶液；且两者在浓度为 4%时的润湿性比浓度为 8%时的润湿性好。本书的理论模拟结果发现在低浓度时（除在乙酸丁酯中浓度为 1～3%之外）与聂福德等人的实验结果类似，但没有发现乙酸丁酯明显好于乙酸乙酯的现象，仅仅是稍好于乙酸乙酯。

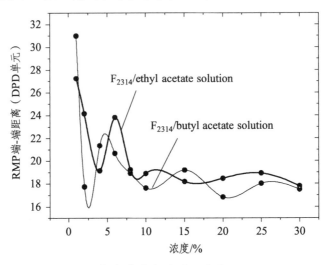

（a）均方根末端距曲线

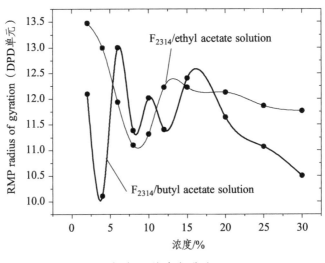

（b）回旋半径曲线

图 7-3　在乙酸乙酯和乙酸丁酯溶剂中 F_{2314} 的均方根
末端距和回旋半径随浓度的变化曲线

7.7　选择氟聚物

在确定溶剂的条件下，哪种氟聚物能够在溶剂中充分伸展，哪种氟聚物在溶剂中溶解性好，可使得高聚物在 TATB 表面上均匀地铺展，有利于氟聚物对 TATB 颗粒较好地包覆，进而也使得 TATB 对氟聚物产生较好的吸附成为可能。

图 7-4 给出了两种氟聚物 F_{2311}、F_{2314} 分别在乙酸乙酯和乙酸丁酯中均方根末端距与浓度的关系曲线。由图 7-4 可知，在溶剂为乙酸乙酯的条件下，F_{2311} 和 F_{2314} 链的伸展状况相当，溶度小于 10% 时 F_{2311} 随着浓度的增长，链的伸展状况波动较大；F_{2314} 在浓度为 1% 时链的伸展状况较好。但是在具体使用过程中，浓度不能过低，因为浓度过低会使得在 TATB 颗粒的某些表面上不存在氟聚物，从而导致对 TATB 产生包覆漏洞。浓度为 6% 时较适合，因为此时链的伸展状况较好，浓度又较为适宜。

由图 7-4 可知，在溶剂为乙酸丁酯条件下，F_{2314} 链的伸展状况明显地好于 F_{2311}。F_{2314} 的乙酸丁酯溶液在浓度为 4% 时比浓度为 8% 时链的伸展状况好，这与聂福德[155]等人在实验研究的 F_{2314} 的乙酸乙酯溶液对 TATB 的润湿结果相一致。

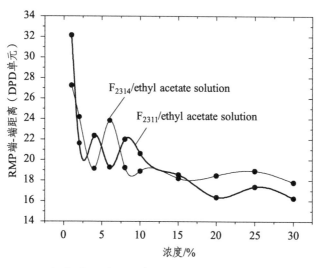

（a）在乙酸乙酯中的均方根末端距曲线

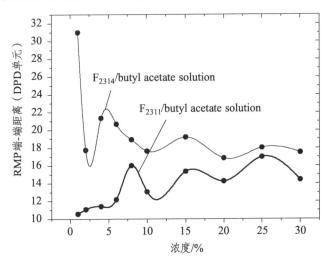

（b）在乙酸丁酯中的均方根末端距曲线

图 7-4　F_{2311} 和 F_{2314} 分别在乙酸乙酯和乙酸丁酯中均方根末端距与浓度的关系曲线

　　综上所述，本章介绍了耗散粒子动力学方法初步研究不同氟聚物在不同溶剂的不同浓度下链的伸展状况。在制备 TATB 造型粉过程中，为选择合适的氟聚物的溶剂和浓度而获得氟聚物对 TATB 颗粒包覆性能好、黏结性能好的造型粉颗粒提供了一定的理论参考。

　　通过本研究，发现乙酸乙酯是 F_{2311} 的良溶剂。在浓度小于 10% 时能够对 TATB 颗粒产生较好的润湿效果。乙酸丁酯是 F_{2314} 的良溶剂，浓度为 6% 时能够对 TATB 颗粒产生最好的包覆效果。

　　通览全书，主要介绍了两种不同尺度的研究方法——密度泛函理论和耗散粒子动力学方法，分别从不同的角度研究硅烷偶联剂在 TATB 基 PBX 中的偶联机制。利用密度泛函理论在原子分子尺度上基于物质的本质即硅烷偶联剂与 TATB 基 PBX 内各组分分子间相互作用的高精度计算，主要以分子间的相互作用能为判据预测了硅烷偶联剂在 TATB 基 PBX 内可能存在的偶联机制。另外，考虑到密度泛函理论是全电子模型，由于强调原子细节，计算量大，适用于对小分子体系的研究，而无法看清硅烷偶联剂在 TATB 基 PBX 中真正的偶联行为。

　　本书分别利用耗散粒子动力学研究了在未添加硅烷偶联剂和添加硅烷偶联剂时的 TATB 基 PBX 的介观结构形貌、界面结构、氟聚物的聚集状态、粒子数密度分布及其他一些宏观性质。由于在具体的模拟计算过程中，本书选取的氟聚物黏结剂的分子量在 10 000 左右，与氟聚物黏结剂的实际分子质量在同一个量级，并且在所模拟的体系内可以包含十多个这样的氟聚物链，模拟的实际尺度大小为 0.04 μm，模拟结果的 TATB 基 PBX 的介观结构形貌可以直接与实验上通过扫描电子显微镜观察的实验结果相比较，因此，利用耗散粒子动力学方法研究的理论结果具有较好的直观性和形象性。

本书利用耗散粒子动力学方法研究了在添加硅烷偶联剂时 TATB 基 PBX 的介观结构形貌，通过与未添加硅烷偶联剂时的介观结构形貌作充分的比较，并利用目前广泛使用的黏结剂与炸药间黏结机理的吸附理论、扩散理论和润湿理论角度分析硅烷偶联剂对 TATB 基 PBX 内界面间的黏结性的促进作用，得到了氟聚物与 TATB 间的黏结机理，并且直观形象地得到了硅烷偶联剂在 TATB 基 PBX 内的偶联机制。值得注意的是，这种偶联机制不同于人们通常所认为偶联剂的偶联形式。这种偶联机制与第 3 章中利用量子化学计算方法得到的结论所预测出来的结果相一致；这种偶联机制虽然在实验上还未有人提出，但是一些实验数据却映射出了这种偶联机制的存在，利用这种偶联机制，实验上的一些疑难问题可以得到合理的解释。另外，氟聚物黏结剂对 TATB 的包覆性和黏结性还与在 TATB 造型粉的造粒过程中氟聚物黏结剂在所选溶剂中的链的伸张状况密切相关，因此本书还利用耗散粒子动力学方法研究了不同氟聚物在不同溶剂、不同浓度下的链的伸展状况（均方根末端距和回旋半径来描述），为氟聚物在何种溶剂、何种浓度下才能够对 TATB 产生最佳的包覆和黏结效果提供了有价值的参考信息。

两种不同尺度上的方法研究了硅烷偶联剂在 TATB 基 PBX 内的偶联机制，这两种方法的研究结果既相互补充又相互佐证。既体现了研究硅烷偶联剂偶联机制的完整性，也体现了跨尺度研究的必要性和优越性，为进一步研究偶联剂在高聚物黏结炸药中的偶联机制提供了理论数据。由此，对本书的研究结果进行如下总结：

（1）利用第一性原理中的密度泛函理论，在 B3LYP/6-31G 水平上，研究了硅烷偶联剂与 TATB 基 PBX 内各组分分子间的相互作用，主要包括：

①结果表明，硅烷偶联剂与 TATB 基 PBX 内各组分分子间都存在较大的电荷转移，转移的电荷量相当；

②在硅烷偶联剂与 TATB 的混合体系中，分子间的相互作用主要是 TATB 硝基上的 O 原子与硅烷偶联剂羟基上的 H 原子之间形成氢键作用，在硅烷偶联剂与高聚物嵌段的混合体系中，分子间可以形成多种氢键作用，例如

F、……、H，Cl、……、H 以及 H、……、O 之间；

③硅烷偶联剂分子与 TATB 基 PBX 内各组分分子间的相互作用，促使 TATB 与高聚物片段间的偶极距差距变小；

④为了精确求解分子间的相互作用能，本书在计算过程中进行了零点振动能校正和基组叠加误差校正；

⑤TATB 与硅烷偶联剂以及高聚物片段与硅烷偶联剂混合体系的最稳定构型，经零点振动能和基组重叠误差校正后的分子间相互作用能分别为-17.969 kJ/mol 和-24.514 kJ/mol。

（2）利用耗散粒子动力学方法在介观尺度上研究了温度 298 K 下未添加硅烷偶联时的 TATB 基 PBX 的介观结构形貌、氟聚物黏结剂的聚集状态、粒子数密度分布、扩散系数等，另外还考察了 TATB 基 PBX 介观结构形貌、粒子间排斥参数、界面张力的温度效应，主要包括：

①结果表明温度在 298 K 时氟聚物与 TATB 的共混性不好，氟聚物在 TATB 中容易聚集成团，团与团之间由氟聚物链连接，形成线性的网状结构，这些网状结构将 TATB 固定在网格里，但不能完全包覆 TATB 颗粒；

②比较 4 种 TATB 基 PBX 的微细形貌，发现聚三氟氯乙烯结构单元在高聚物中含量比例越高，高聚物在 TATB 中的分散性越好；

③本书还发现氟聚物黏结剂与 TATB 间的黏结性与氟聚物内 2 种结构单元的配比之间存在一个最佳值。为了达到 TATB 基 PBX 的黏结性和力学性质之间的最佳匹配，必须控制三氟氯乙烯结构单元在高聚物中的含量；

④提高造粒温度，有助于提高氟聚物在 TATB 中的分散性和氟聚物对 TATB 的包覆性。

（3）利用耗散粒子动力学方法获得了硅烷偶联剂在 TATB 基 PBX 中的偶联机理。结果发现硅烷偶联剂在 TATB 基 PBX 内的一种特殊的偶联机制：硅烷偶联剂不像一般偶联剂那样——偶联剂的一端亲炸药另一端亲黏结剂，在炸药与黏结剂间起到"分子桥"的连接作用，而是硅烷偶联剂将与 TATB 亲和性差的三氟氯乙烯结构单元拽拉在它的周围，一起聚集在氟聚物团的内部，而将与 TATB 亲和性好的偏氟乙烯结构单元排挤在氟聚物团的表面，使得与 TATB 亲和性好的偏氟乙烯结构单元较多地聚集在 TATB 和氟聚物黏结剂间的界面上，从而提高了 TATB 与氟聚物黏结剂间的黏结作用。

（4）将耗散粒子动力学方法应用到高聚物黏结炸药的高聚物黏结剂溶液中，利用耗散粒子动力学方法研究了不同的氟聚物在不同溶剂、不同浓度下链的伸展状况，并以氟聚物黏结剂链段的伸展状况为依据获得了氟聚物黏结剂在何种溶剂、何种浓度下能够对 TATB 产生最佳的润湿效果。

　　耗散粒子动力学方法是目前发展相当成熟并且已被广泛应用的一种介观模拟技术，本书通过对高聚物黏结炸药的耗散粒子动力学研究，充分体现了耗散粒子动力学在研究高聚物黏结炸药的可行性以及其独具的优越性。耗散粒子动力学在高能混合材料的研究将具有较为广阔的发展空间，如高分子黏结剂的分子量、炸药颗粒粒度、温度、剪切等外界作用对高聚物黏结炸药介观结构形貌以及黏结剂与炸药间黏结性的影响等都可以利用耗散粒子动力学进行理论研究。另外，经过改进后的耗散粒子动力学还可以用来研究高聚物黏结炸药的热膨胀系数，特别是对于 TATB 基 PBX 的"不可逆长大"行为的研究。以上这些性质或现象是目前人们研究高聚物黏结炸药的热点和焦点问题，耗散粒子动力学在这些方面的应用将会较大程度地促进实验研究进度，对混合炸药的开发和研制具有一定的参考意义。

第8章 光滑粒子动力学方法

前面介绍了耗散力粒子动力学方法在混合炸药 TATB 基 PBX 和高聚物黏结剂中的应用。粗粒化方法除耗散粒子动力学方法外还有两种常用的粗粒化方法，分别是光滑粒子动力学方法和桥域方法。为了让读者了解更多的相关粗粒化方法，本章将分别介绍光滑粒子动力学的基本原理、模型构建、求解过程以及相关软件操作过程等，以期拓展对粗粒化方法更广泛的认知。

SPH 方法是模拟流体流动的一种拉格朗日型粒子方法。SPH 方法不同于有限元方法和有限差分法，它无需对计算域进行网格划分，是一种无网格粒子方法，将计算域离散为一系列有相互作用的粒子通过使用一系列任意分布的粒子来求解具有各种边界条件的积分方程或偏微分方程，得到精确稳定的数值解。这些粒子承载各种物理量，包括质量、密度、速度、加速度、能量等。SPH 方法作为一种拉格朗日形式的无网格方法，其核心思想主要包括：

（1）无网格性。采用一系列任意分布的粒子来表示计算域。

（2）采用积分表示法来近似场函数，以保证 SPH 方法在数学计算上的稳定性。

（3）紧支性。通过应用局部区域内的相邻粒子对应物理量叠加求和取代场函数及其导数的积分。

（4）自适应性。每一时间步内进行粒子近似，所使用粒子取决于当前局部分布的粒子。

（5）拉格朗日性。将粒子近似法应用于所有偏微分方程的场函数相关项中，可得到一系列仅与时间相关的离散化形式的常微分方程。

（6）动力学性质。应用显式时间积分法来求解常微分方程组以获得最快的时间积分，可得到所有粒子的场变量随时间的变化值。

光滑粒子动力学由于具有自适应性、无网格性、拉格朗日性以及粒子性等特性，其在求解大变形、自由表面流、复杂界面运动等过程中具有较大优势，已广泛应用于天体物理、冲击爆炸、水动力学、复合材料等领域。

8.1　光滑粒子动力学方法发展现状

SPH 方法应用十分广泛，关于 SPH 方法的研究文献较多。目前 SPH 方法多用于自由流体和流固之间相互作用数值模拟。Khayyer 等[156]针对 δ-SPH 和 δ-plus-SPH 方法中出现的问题，提出了速度发散误差减小和体积守恒移位方法，使得 SPH 方法在不可压缩自由表面流体流动的模拟具有更高的满意度。模拟湍流自由表面流动与复杂的固定或浮动结构的相互作用，对于解决典型的海洋和沿海工程问题至关重要，SPH 方法特别适用于解决这类非线性问题。然而，这种类型需要不同的结构元素（如球形接头、铰链或弹簧），在这些情况下有必要将 SPH 方法与其他数值方法结合起来，从而允许执行这些多物理模拟。Martínez 等[157]将 DualSPHysics-Chrono 实现双向耦合，用于模拟多物理实体物体之间的碰撞问题。Chen 等[158]基于 SPH 方法模拟了水波与双浮式防波堤之间的相互作用，讨论了双浮式防波堤的流体动力学；Sun 等[159]针对剧烈的流固相互作用，强烈液体撞击引起的边界压力反射问题，提出了新的扩散项，用以抑制这种压力振荡。Lyu 等[160]针对空化流的演化和发展问题，在 SPH 背景下提出了一种基于状态方程的空化模型。在 SPH 方法中采用了粒子移动技术和拉伸不稳定控制，以提高数值精度和稳定性。同时，为了更适用于高雷诺数问题，还采用了大涡模拟模型考虑湍流效应。Antuono 等[161]针对复杂形状的固体边界条件，在 SPH 的框架下提出了一种简化的沿固体剖面执行边界条件的技术，可以对靠近锐角和尖锐轮廓的流固相互作用进行准确的建模。除了海洋和沿海工程问题外，SPH 还应用于岩土工程，如地震分析[162]、工作面稳定性分析[163]、隧道突水[164]、颗粒坍塌[165]、岩石裂缝[166]等问题。SPH 方法还用于金属切削，如 Zhang 等[167]在切削形成仿真中首次建立了工件的 SPH 模型与刀削工具的瞬态 FEM 温度模型之间的传热。近期，SPH 还用于模拟钢制液体储液罐爆炸事件[168]。李娇等[169]基于 SPH 方法建立适用于细观非均质和宏观各向异性复合材料结构非线性力学行为的 SPH 预测模型，自动开发无网格程序代码，研究典型复合材料结构在静态受压、低速冲击和液固耦合作用下的力学变形行为。Liu[170]利用 FSDT 描述了复合材料中性面的运动，利用 SPH 方法离散了复合材料控制方程，引入面内和剪切人工黏度防止粒子穿透，建立了复合材料 SPH 板壳模型。

　　传统的基于网络的方法包括有限元法、有限元差分法和有限体积法。基于网络的方法在很多流体及固体力学数值模拟领域相当成熟，但是基于网络的水模拟方法在处理非定常流动的自由表面、变形边界及多相流交界面等问题时效果不好[171]。作为最早的一种无网格方法，SPH 方法只使用包含应力、速度和温度等物理场信息的粒子对求解域进行离散，直接对强形式控制方程进行求解，近似方程易于构造，是真正基于粒子点积分的无网格方法。SPH 无需有限元方法中的网格和其他无网格方法中的背景网格，具有拉格朗日特性，可以很方便地追踪质点运动轨迹、确定自由边界、变形边界和运动边界等，已被广泛应用于天体力学[172]和流体力学[173]，并逐渐被扩展应用到固体力学和复合材料变形中[174-176]。

　　SPH 方法作为无网格法，最早由 Lucy[177]、Wang[178]等应用于解决天体物理问题。由于 SPH 方法具有比较强大的将复杂物理影响效应引入到 SPH 公式的能力，因此 SPH 方法很快在计算流体力学和固体力学方面得到广泛应用。在固体力学领域，Liberskey 及其团队[179-180]在总应力张量中加入黏性剪切应力，率先在 SPH 方法中考虑了材料的强度，成功将 SPH 方法应用于固体领域。SPH 方法的边界粒子缺失和拉伸不稳定性影响了求解的精度，基于此，Randles 等[181]最早为了解决边界缺陷问题提出了密度近似的正则化公式；随后，Chen 等[182-183]提出了修正光滑粒子法（CSPM），提供了一种对传统 SPH 方法中的核近似式和粒子近似式进行正则化的方法以解决边界缺陷问题；Liu 等[184]基于 Taylor 展开式中函数的核近似、粒子近似及其导数的核近似、粒子近似耦合在一起联合求解的思想提出了有限粒子法（FPM）。随着 SPH 方法在实际问题中得到越来越广泛的应用，也暴露了许多问题，使得 SPH 方法得到了修正和改进。Monaghan[185,186]将人工黏度引入 SPH 方程的压力项，解决了 SPH 方法模拟冲击波问题时产生的非物理振荡；为了计算冲击波问题中的壁面热量，Noh[187]和 Monaghan[188]分别在 SPH 能量方程中加入人工能量项。为了解决流体局部膨胀和局部压缩问题，Monaghan[189,190]对光滑长度进行了修正，根据粒子自身密度为每个粒子配置了独立的光滑长度。为了修正边界、尖角等粒子缺失或分布不均造成的曲率计算偏差较大的问题，强洪夫等[191]提出了修正表面张力算法和含壁面附着表面张力模型的 SPH 方法，并成功应用于液滴碰撞聚合、破碎以及单液滴破碎等问题的研究。SPH 方法

与 FEM（有限元方法）、FPM（有限粒子方法）等方法一样会产生零能模式，
Dyka 等[192]通过应力点法对 SPH 方法提出了有效修正方案，消除了虚拟模拟
的干扰。由于 SPH 方法本身存在一定问题，SPH 方法中的固壁边界条件很难
像网格法一样严格实施，长期以来成为阻碍 SPH 方法发展的难点问题。
Monadhan[193]最早提出应用边界力的方式施加固壁边界条件，并提出了一种
类似于分子动力学 Lennard-Jones 势函数的方法施加作用力，该方法得到了广
泛应用，但是该方法很难处理具有复杂几何形状的问题。Libersky 等[194]提出
了镜像粒子方法，通过在计算域之外设置一组镜像粒子来阻止流体透过边界。
Liu 等[195-197]改进了镜像粒子法，使该方法可应用于几何形状较为复杂的边界
问题和非滑移边界条件的施加。国内外很多学者基于虚粒子法施加边界条件
的思想，提出了多种排斥力模型，这些模型都可以满足复杂边界施加的需求，
但每种模型都存在一定的缺陷，如不能保证动量守恒、计算效率低等问题。
对于自由液面问题，SPH 方法主要经历了如下几个阶段：

（1）传统的 SPH 方法[198]（Monaghan,1994）。

（2）密度过滤 SPH 方法[199]（colagrossi 2003）。

（3）δ-SPH 方法[200]（Antuono,2009）；

（4）δ+-SPH 方法[201]（Sun,2017）。

溃坝问题是检验 SPH 方法的一个重要的模拟算例。最早的标准 SPH 方
法只能还原该过程的流动状态，而对流场中的压力分布预测效果较差。为此，
2003 年意大利学者[199]发表了里程碑式的论文，通过密度过滤方式克服了
SPH 模拟中自由液面水动力学问题中压力噪声问题。此后，SPH 方法既能模
拟流体流动的形，又能准确地给出内部的力，而密度过滤方法在很长一段的
数值模拟中并不能保证动量和能量的守恒特性。为此，δ-SPH 方法[200]的提
出进一步解决了这个问题，从而使得弱可压 SPH 方法在海洋工程中得到更加
广泛的应用，结果也更加的可靠。在对高雷诺数问题的研究中，研究者发现，
粒子的分布不均匀将会带来涡量场的噪声问题。为此，我国学者 Sun 等[201]提
出了粒子位移修正技术很好地解决了这个问题，该方法被称为 δ+-SPH 方法。
同时传统的 δ-SPH 方法在高雷诺数问题中，由于张力的不稳定性而产生流场
的空洞，这与实际的物理现象严重不符。采用 δ+-SPH 方法的模型张力不稳
定性控制技术同样能够很好地解决这个问题，这也就推动了 δ+-SPH 方法在
高雷诺数黏性自由液面流动中的应用。对于流固耦合问题的模拟，目前已经
能够将流场和结构部分均在粒子框架下进行编程，打破了在传统 SPH 计算流

场有限元软件结构变形再进行数值交互这样一种软耦合模式，新的耦合方法更倾向于并行计算，流固耦合数值模拟计算的效率更高。对于多相流问题，目前已经能够对三维实际问题进行精确的模拟，并且可以基于实验结果对考虑空气的入水问题和三维气泡动力学问题展开模拟和验证。

为取长补短，发挥不同方法各自的优势，近些年 SPH 与其他计算方法的耦合方法成为研究的热点。Attaway 等[202]为了解决流固耦合问题，提出了 SPH 与 FEM 接触面耦合算法；Johnson[203]为了解决高速冲击中的大变形问题，提出了新型的 SPH-FEM 耦合算法；Zhang 等[204]在前人基础上发展了新型的 SPH-FEM 耦合算法，并成功应用于 7.62 mm 步枪弹冲击特殊热处理的钢板过程数值模拟；Sun 等[205]提出并发展了 SPH 与 DEM（扩散单元法）耦合方法，该方法在处理流-粒两相流问题时具有较大的优势；陈等[206-207]从颗粒动力学角度出发提出了适用于离散相求解的光滑离散颗粒流体动力学方法（SDPH），并建立了 SDPH 与 FVM（有限体积法）耦合算法，成功应用于风沙跃移、流化床、固体火箭发动机燃烧流动、气力输送等领域。另外，SPH 与 DPD、MD 等不同尺度计算方法的耦合也得到了广泛应用。

8.2   光滑粒子动力学方法的基础理论

SPH 方程的构造有两个关键步骤，第一步为积分表示，即核函数插值；第二步是粒子近似。核函数插值实现了场变量或场变量梯度的插值，而粒子近似则实现了对核函数估计积分表达式的粒子离散。SPH 方程构造的步骤主要包括：

（1）核函数插值。

对于一个连续的光滑函数 $f(r)$，在定义域 Ω 上一点的函数值可以表示为：

$$f(r) = \int_{\Omega} f(r')\delta(r-r')\mathrm{d}r' \tag{8-1}$$

其中，r 为空间位置矢量；$\delta(r-r')$ 为狄拉克函数，其性质可以表示为：

$$\delta(r-r') = \begin{cases} \infty, & r \neq r' \\ 0, & r = r' \end{cases} \tag{8-2}$$

　　实际应用中，狄拉克函数难以实现。在数值计算过程中，可以利用光环函数 $W(r-r',h)$ 来取代 δ 函数，则 $f(r)$ 可近似为：

$$\langle f(r) \rangle = \int f(r')W(r-r',h)\mathrm{d}r' \qquad (8\text{-}3)$$

　　$W(r-r',h)$ 为 SPH 方法的核函数，它的值取决于两点之间的距离 $|r-r'|$ 和光滑长度 h，它与光滑因子 κ 共同决定了光滑函数影响域的大小，SPH 核函数估计示意图如图 8-1 所示，光滑函数的支持域和问题域如图 8-2 所示。

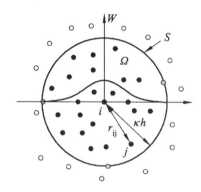

图 8-1 SPH 核函数估计示意图

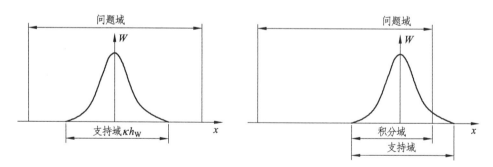

图 8-2　光滑函数的支持域和问题域

函数 $f(r)$ 的空间导数可以表示为：

$$\langle \nabla \cdot f(r) \rangle \gtreqless \int_{\Omega}[\nabla \cdot f(r')]W(r-r',h)\mathrm{d}r' \qquad (8\text{-}4)$$

由分部积分公式可以得到：

$$[\nabla \cdot f(r')]W(r-r',h) = \nabla \cdot [f(r')W(r-r',h)] - f(r') \cdot \nabla W(r-r',h)$$

（8-5）

因此，公式（8-4）可以表示为：

$$\langle \nabla \cdot f(r) \rangle = \int_{\Omega} \nabla \cdot \left[f(r')W(r-r',h) \right] dr' - \int_{\Omega} f(r') \cdot \nabla W(r-r',h) dr' \qquad （8-6）$$

对于式（8-6）右边第一项，运用散度定理将空间域 W 上的积分转换为面域 S 上的积分，由此可得：

$$\int_{\Omega} \nabla \cdot \left[f(r')W(r-r',h) \right] dr' = \int_{S} f(r')W(r-r',h) \cdot n dS \qquad （8-7）$$

其中，n 为面域 S 的单位法向矢量。如果点 x 远离边界，如图 8-2（a）所示，光滑函数的支持域（紧支域）完全在问题域内部，根据，根据光滑函数的紧支性，支持域边界点处光滑函数为零，可以确定式（8-7）的积分项为零。式（8-6）对 $f(r)$ 的空间导数可表示为：

$$\langle \nabla \cdot f(r) \rangle = \int_{\Omega} f(r') \cdot \nabla W(r-r',h) dr' \qquad （8-8）$$

由公式（8-8）可知，SPH 估计将函数的空间导数转化为核函数的空间导数，因而可以通过核函数求解任意场函数的空间导数。

（2）粒子近似。

以上的核函数插值仅是利用核函数以积分形式表示出了场函数和场函数空间导数，其表达式还不能对流体动力学微分方程进行离散。为了能够得到最终的离散控制方程，下面将采用粒子近似方法对核函数插值进行离散处理。对于某个求解域，若用一些有限的粒子来表示，则核函数插值的积分表达式可以转化为紧支域对所有粒子求和的离散形式。对式（8-3）的积分形式进行粒子离散后可以得到：

$$\begin{aligned}
\langle f(r) \rangle &= \int_{\Omega} f(r')W(r-r',h) dr' \\
&\approx \sum_{j=1}^{N} f(r_j)W(r-r_j,h) \Delta V_j \\
&= \sum_{j=1}^{N} f(r_j)W(r-r_j,h) \frac{1}{\rho_j}(\rho_j \Delta V_j) \\
&= \sum_{j=1}^{N} f(r_j)W(r-r_j,h) \frac{m_j}{\rho_j}
\end{aligned} \qquad （8-9）$$

其中 m_j 和 ρ_j 分别是粒子 j 的质量和密度。对粒子 i 处场函数的粒子估计可以写为：

$$\langle f(r_i) \rangle = \sum_{j=1}^{N} \frac{m_j}{\rho_j} f(r_j) W_{ij} \qquad （8\text{-}10）$$

其中，

$$W_{ij} = W(r - r_j, h) \qquad （8\text{-}11）$$

式（8-10）表示，粒子 i 处的场函数值可以通过核函数对该粒子紧支域内所有粒子的函数值加权平均得到。类似地，场函数空间导数的粒子估算为：

$$\langle \nabla \cdot f(r) \rangle = \sum_{j=1}^{N} \frac{m_j}{\rho_j} f(r_j) \cdot \nabla W(r - r_j, h) \qquad （8\text{-}12）$$

因而，粒子 i 处场函数空间导数的粒子估算为：

$$\langle \nabla \cdot f(r) \rangle = \sum_{j=1}^{N} \frac{m_j}{\rho_j} f(r_j) \cdot \nabla W_{ij} \qquad （8\text{-}13）$$

其中，

$$\nabla_i W_{ij} = -\nabla W_{ij} = \frac{r_i - r_j}{r_{ij}} \frac{\partial W_{ij}}{\partial r_{ij}} = \frac{r_{ij}}{r_{ij}} \frac{\partial W_{ij}}{\partial r_{ij}} \qquad （8\text{-}14）$$

$$r_{ij} = |r_{ij}| = |r_i - r_j| \qquad （8\text{-}15）$$

由式（8-13）可看出，粒子 i 处的场函数空间导数值转化为对核函数梯度与紧支域内粒子函数值乘积的求和运算。由此可见，式（8-10）和（8-13）的粒子估计将函数及其导数的连续积分转换成在任意排列的粒子上的离散求和，这是 SPH 方法不需要网格进行计算的根本原因。

当考虑流体的黏性和表面张力作用，但是不考虑热传导，流动过程看成不可压缩流体，采用拉格朗日方程组作为控制方程组，其形式可表示为：

$$\frac{\mathrm{d}v}{\mathrm{d}t} = \frac{1}{\rho}\nabla P + v\nabla^2 v + f_s \tag{8-16}$$

其中，ρ、v、P 和 f_s 分别表示流体的密度、速度、静水压力和表面张力；v 为流体的黏性系数；d/dt 表示物质导数。为了有效计算式（8-16）中的压力项 P，引入弱可压缩状态方程，将不可压缩流体视为弱可压缩流体，密度 ρ 随时间发生变化，重新引入拉格朗日连续方程可表示为：

$$\frac{\mathrm{d}\rho}{\mathrm{d}t} = -\rho\nabla \cdot v \tag{8-17}$$

对于式（8-17）所示的密度方程，其右端的速度导数项运用离散化条件可得：

$$\frac{\mathrm{d}\rho_i}{\mathrm{d}t} = \sum_{j=1}^{N} m_j v_{ij} \cdot \nabla_i W_{ij} \tag{8-18}$$

对于式（8-16）所示的动量方程，等号右边的应力的空间导数项可表示为：

$$\frac{\mathrm{d}v_i}{\mathrm{d}t} = \sum_{j=1}^{N} m_j\left(\frac{p_i}{\rho_i^2} + \frac{p_j}{\rho_j^2}\right)\nabla_i W_{ij} + v\nabla^2 v_i + f_s \tag{8-19}$$

式（8-19）的对称形式保持了线动量和角动量的守恒性，从而得到广泛应用。

SPH 方法通过使用光滑核函数进行积分表示，因此光滑核函数非常重要，它不仅决定了函数近似式的形式，定义粒子支持域的尺寸，还决定了核近似和粒子近似的一致性和精度。因此，选择合适的光滑核函数，对于建立问题解的高精度近似值起到关键作用。光滑核函数需要满足的特性主要包括：

（1）需要有一个支持域，当粒子间距 $|x-x'|$ 不小于 κh_w 时，$W(x-x', h_w)$ 的值为 0，其中，κ 为常数，κh_w 为支持域半径定义了光滑函数的作用范围。将 SPH 近似从全局问题域转换为局域支持域。

（2）需要满足正则化条件，即 $\int_{\Omega} W(x-x', h_w) d\Omega_{x'} = 1$，这保证场函数积分表达式具备零阶连续性。

（3）当 h_w 趋于零时，光滑函数满足狄拉克性质，即

$$\lim_{h_w \to 0} W(x-x', h_W) = \delta(x-x') \tag{8-20}$$

（4）粒子间距增加，光滑函数值单调递减，即两个粒子距离越远，对彼此的相互作用越小。

除了上述 4 点，光滑函数还需满足非负性、对称性、光滑性等，这使得光滑函数的构造较为复杂。目前，文献中出现的常用光滑函数的种类主要包括：

（1）钟形函数。

钟形函数是 Lucy 在初始 SPH 相关研究[177]中使用的光滑函数，表达式为：

$$W(x-x', h_W) = \alpha_D \begin{cases} (1+3R)(1-R)^3, & R \leqslant 1 \\ 0, & R > 1 \end{cases} \tag{8-21}$$

其中，α_D 在一维、二维和三维空间中分别为 $\dfrac{5}{4h_W}$、$\dfrac{5}{4\pi h_W^2}$、$\dfrac{105}{16\pi h_W^3}$，$R = \dfrac{r}{h_W} = \dfrac{|x-x'|}{h_W}$，表示粒子间距。

（2）Gaussian 型光滑函数。

Gaussian 型光滑函数的形式可表示为：

$$W(x-x', h_W) = \alpha_D e^{-R^2} \tag{8-22}$$

其中，α_D 在一维、二维和三维空间中分别为 $\dfrac{1}{\pi^{0.5} h_W}$、$\dfrac{1}{\pi h_W^2}$、$\dfrac{1}{\pi^{1.5} h_W^3}$。

Gaussian 型光滑函数充分光滑，其稳定性和精确度较高，适用于不规则粒子分布。但是，由于光滑函数具有很大的支持域，因此，它需要的计算量很大。

（3）三次 B 样条光滑函数。

三次 B 样条光滑函数的表达式可表示为：

$$W(x-x',h_W)=\alpha_D\begin{cases}\dfrac{2}{3}-R^2+\dfrac{1}{2}R^3, & 0\leqslant R<1\\[2mm]\dfrac{1}{6}(2-R)^3, & 1\leqslant R<2\\[2mm]0, & R\geqslant 2\end{cases}\qquad（8\text{-}23）$$

其中，α_D 在一维、二维和三维空间中分别为 $\dfrac{1}{h_W}$、$\dfrac{15}{7\pi h_W^2}$、$\dfrac{3}{2\pi h_W^3}$。B 样条光滑函数是应用最广泛的光滑函数，其支持域较窄，计算效率高，但是由于其二阶导数是分段的，其稳定性较差。

（4）五次样条光滑函数。

五次样条光滑函数是对 B 样条光滑函数的改进，具体形式可表示为：

$$W(x-x',h_W)=\alpha_D\begin{cases}(3-R)^5-6(2-R)^5+15(1-R)^5, & 0\leqslant R<1\\(3-R)^5-6(2-R)^5, & 1\leqslant R<2\\(3-R)^5, & 2\leqslant R<3\\0, & R\geqslant 3\end{cases}$$

$$（8\text{-}24）$$

其中，α_D 在一维、二维和三维空间中分别为 $\dfrac{120}{h_W}$、$\dfrac{7}{478\pi h_W^2}$、$\dfrac{3}{359\pi h_W^3}$。

8.3　SPH 显式时间积分求解

对于 SPH 离散方程一般采用显式时间积分求解。通常采用蛙跳方法，它对时间是二阶精度，具有存储量低，计算效率高的特点。在第一个时间步长结束时，密度、速度和内能由初始状态向前推进半个时间步长，而粒子的位置则向前推进一个时间步长，可表示为：

$$\rho_i^{\frac{1}{2}} = \rho_i^0 + \frac{\Delta t^1}{2} \frac{\mathrm{d}\rho_i^0}{\mathrm{d}t}$$

$$v_i^{\frac{1}{2}} = v_i^0 + \frac{\Delta t^1}{2} \frac{\mathrm{d}v_i^0}{\mathrm{d}t} \qquad (8\text{-}25)$$

$$x_i^{\frac{1}{2}} = x_i^0 + \Delta t^1 v_i^{\frac{1}{2}}$$

在每个时间步的开始,粒子密度、速度和内能向前再推进半个时间步长，获得整数时间步上的值，以便与粒子的位置时刻保持一致。

$$\rho_i^n = \rho_i^{n-\frac{1}{2}} + \frac{\Delta t^n}{2} \frac{\mathrm{d}\rho_i^{n-1}}{\mathrm{d}t} \qquad (8\text{-}26)$$

$$v_i^n = v_i^{n-\frac{1}{2}} + \frac{\Delta t^n}{2} \frac{\mathrm{d}v_i^{n-1}}{\mathrm{d}t} \qquad (8\text{-}27)$$

其中，n 为第 n 个时间步。当一个时间步长结束时，粒子的密度、速度、内能和位置向前推进一个时间步长，可表示为：

$$\rho_i^{n+\frac{1}{2}} = \rho_i^{n-\frac{1}{2}} + \frac{\Delta t^n + \Delta t^{n+1}}{2} \frac{\mathrm{d}\rho_i^n}{\mathrm{d}t} \qquad (8\text{-}28)$$

$$v_i^{n+\frac{1}{2}} = v_i^{n-\frac{1}{2}} + \frac{\Delta t^n + \Delta t^{n+1}}{2} \frac{\mathrm{d}v_i^n}{\mathrm{d}t} \qquad (8\text{-}29)$$

$$x_i^{n+1} = x_i^n + \Delta t^{n+1} + v_i^{n+\frac{1}{2}} \qquad (8\text{-}30)$$

为了保持数值积分的稳定性，在每一个时间步，根据不同的准则对时间步长加以限制是必要的。Monaghan[172]给出了考虑具有黏性耗散和外力作用的时间步长，可表示为：

$$\Delta t_{cv} = \left\{ \frac{h_i}{c_i + 0.6 \left[\alpha_\Pi c_i + \beta_\Pi \max(\phi_{ij}) \right]} \right\} \qquad (8\text{-}31)$$

$$\Delta t_f = \min \left(\frac{h_i}{f_i} \right)^{\frac{1}{2}} \qquad (8\text{-}32)$$

Brackbill 等提出了基于表面张力的时间步长，可表示为：

$$\Delta t = \min \left[0.25 \left(\frac{h_i}{f_i} \right)^{\frac{1}{2}} \right] \qquad (8\text{-}33)$$

Morris 等基于物理黏性提出了时间步长，可表示为：

$$\Delta t = \min \left(0.25 \frac{\rho h^2}{\mu} \right) \qquad (8\text{-}34)$$

其中，f_i 是作用在粒子 i 上单位质量上力的大小（即加速度）；σ 为流体的表面张力系数；μ 为流体的动力黏度系数，最终取式（8-31）~（8-34）中的最小值作为最终的时间步长。

8.4 模拟软件

相对成熟的 SPH 软件主要包括：

（1）NEURINO。

NEURINO 是由美国 CentroidLablnc 开发的商用 SPH 软件，拥有非常优良的用户界面，相对丰富的模型选项，擅长大尺度模拟。

（2）DualSPHysics。

DualSPHysics 由英国曼彻斯特大学以及西班牙比戈大学联合开发的开源 SPH 软件，有大量的文献以及验证实验支持，模型十分丰富，可以支持 GPU 及 CPU 并行运算，适合对 SPH 较为熟悉的人员。

（3）LAMMPS-SPH。

LAMMPS-SPH 是基于分子动力学软件 LAMMPS 开发的一款 SPH 研究型代码，模型十分简单，代码构造容易理解，适合希望研究 SPH 底层算法并开发自己的机理模型的科研人员。目前已有一个很不错的沸腾模型以及固体力学模型。

除了上述三种软件外，还有一些商用软件，主要包括：

（1）TF-SPH 是一款基于光滑粒子动力学方法功能强大的无网格粒子法仿真软件， SPH 具有拉格朗日、无网格粒子及显式计算等特点，能够自然追踪运动界面和变形边界，方便处理极端变形，易于实现高效并行，特别适合极端载荷作用下多介质强耦合问题。TF-SPH 融合了 SPH 方法最新技术，如复杂几何粒子生成、粒子适应及多分辨率算法、高精度离散格式、复杂边界处理算法及数值耗散去除模型等，可应用于如海洋工程（船舶水动力学与冲击动力学设计、海洋平台冲击动力学设计），汽车/交通（汽车涉水、雨天行车），航空航天（水上飞机气动/水动力学设计、飞机起飞/迫降），先进制造（激光焊接/金属增材制造、铸造/浇铸、齿轮传动/润滑），环境工程（山体滑坡、泥石流、溃坝、城市内涝）等工程科学众多领域。TF-SPH 支持单相与多相流动、流固耦合及热流固多物理场仿真，具备完整的前后处理及可视化功能，能够帮助客户更高效地完成仿真任务，提高仿真精度，降低开发成本。

TF-SPH 的功能优势主要包括：

① 无网格/Lagrange 特性；

② GPU 平行；

③ 自适应加密多介质；

④ 多场耦合分析。

TF-SPH 的主要功能包括：

① 内置刚体力学模型，灵活定义刚体运动；

② 高效的模型建立和粒子初始化；

③ 模型创建和导入；

④ 模型几何转换；

⑤ 高效的模型粒子初始化离散算法；

⑥ 位移修正算法（PST）；

⑦ 复杂边界处理算法（排斥力、虚粒子、耦合动力）；

⑧ 耗散处理模型（δ-SPH、人工黏性）；

⑨ 自适应粒子加密；

⑩ 添加热流固耦合模型，模拟热传导和冷却效应。

（2）无网格流体仿真软件。

Simcenter SPH Flow 是一种快速无网格计算流体力学（CFD）软件，它为设计师和分析师提供了一个完全集成的工作流，以便在开发周期的早期轻松快速地改进其设计。该软件使用了创新的平滑粒子流体动力学（Smoothed-Particle Hydrodynamics, SPH）方法。SPH 方法是新一代的数值方法，用于克服传统方法中与网格相关的约束，同时仍然基于 Navier-Stokes 方程。兼具拉格朗日和粒子方法的特性，Simcenter SPH flow 特别适合于瞬态流动、流场中存在边界变形和复杂边界以及具有破碎/重新连接交界面的流动。Simcenter SPH Flow 包括一个完全集成的模拟环境 Simcenter SPH Flow Studio，该环境提供了一个直观的用户界面，在该界面下用户可以执行自动化几何准备、仿真设置和解决方案分析。上述功能集成在一起，加速了高速瞬态和复杂运动等问题的分析速度。

8.4.1　ANSYS 2020 R2 软件的功能介绍

ANSYS 2020 R2 版本增加了 SPH 方法，该软件具有功能完备的前后处理器以及强大的图形处理能力。平台支持 Windows 10（64 位版本）、Windows Server 2012 R2 和 Windows Server 2016，也支持多个 Linux 发行版，如 Red Hat Enterprise Linux、SUSE Linux Enterprise 和 CentOS。ANSYS 2020 R2 软件的功能主要包括：

（1）结构力学分析。

软件提供了强大的结构力学分析工具，可以用于模拟和分析机械结构的静态和动态响应、应力和变形等。

（2）流体力学分析。

软件具有全面的流体力学分析功能，可用于模拟和分析流体流动、传热、气动力学和多相流等问题。

（3）电磁场分析。

软件提供了电磁场分析工具，用于模拟和分析电磁场中的电场、磁场、电磁波传播和电磁设备的性能等。

（4）多物理场耦合分析。

软件支持多物理场耦合仿真，可以模拟和分析不同物理场之间的相互作用，如结构-流体、结构-电磁、流体-电磁等。

（5）优化和参数化设计。

软件提供了优化和参数化设计工具，可帮助工程师自动化优化过程，并找到系统的最佳设计参数。

8.4.2　ANSYS 2020 R2 软件的使用说明

ANSYS 2020 R2 版本增加的 SPH 方法，可应用于 Explicit Dynamics 和 LSDYNA 模块，其使用说明主要包括：

（1）首先通过拖动 Explicit Dynamics 模块进入工作台，如图 8-3 所示。

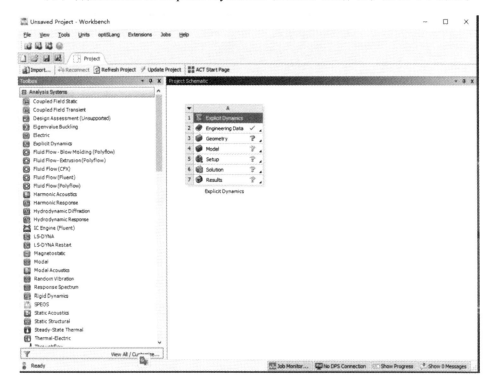

图 8-3　工作台显示界面

（2）进入 engineering data，选择需要的材料，如 AL7075-T6 和 AL2024T35 材料，如图 8-4 所示。

图 8-4　选择材料的界面

（3）在 DM 中进行建模，如建立直径为 10 mm 的球，200 mm 的靶板，如图 8-5 所示。

图 8-5　构建的模型图

（4）在 reference frame 中选择 particle，如图 8-6 所示。

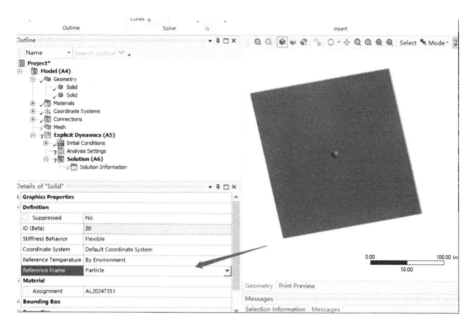

图 8-6　粒子选择界面

（5）给予小球初始速度，如 Y 方向速度为 4 000 m/s，Z 方向速度为 6 000 m/s，如图 8-7 所示。

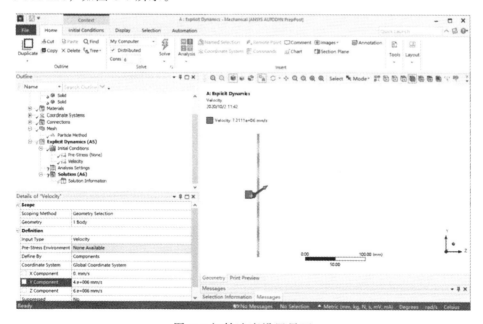

图 8-7 初始速度设置界面

（6）运算过程中的截图，如图 8-8 所示。

图 8-8　运算过程界面图

第 9 章　桥域多尺度方法

桥域多尺度方法已经成为材料科学、食品工程、生物工程和土木工程等领域的研究前沿。根据近年的文献调研,该方法在结构多尺度方面应用较多。本章主要介绍桥域多尺度方法的基本原理以及其应用,分别介绍光滑粒子动力学的基本原理、发展前沿、模型构建、求解过程以及相关软件操作过程等,以期拓展对粗粒化方法更广泛的认知。

9.1　桥域多尺度方法简介

多尺度方法按照分析思路的不同可以分为多层级分析方法和并发多尺度分析方法。

多层级分析方法按照不同的时间和空间尺度,将实际问题划分为多个层级并选取适当的参数实现不同层级之间的联系,自下而上获得材料的宏观等效性能,然后根据求解得到的宏观物理场逐级反演,自上而下获得微观物理场;在各层级分析的基础上从宏观性能要求出发,自上而下对材料各层级结构进行优化设计,在其中某一层级的据图分析中,可借助相关尺度的理论分析方法或数值模拟方法建立相邻层级的性能参数与重要的结构参数之间的关系。不同尺度之间通过选取某几个关键参数进行信息传递,因此在使用该方法时需要对整体分析过程及材料基本性能有全面透彻的理解,充分利用主要的影响参数来保证分析的合理性及全面性。

并发多尺度方法主要针对数值模拟,在一个计算实验中同时考虑多个不同尺度的模拟,在连续介质模拟的计算区域中同时引入介观、微观甚至纳观的离散粒子的计算区域,不同尺度区域之间建立一定的数学关系实现耦合。

一般而言，该方法在常规区域采用连续介质模型，在某些关键区域如裂纹尖端采用分子力学模型甚至量子力学模型，通过一定的耦合方式实现区域的连接，从而在保证精度的情况下大大降低了计算量，实现多尺度的并行计算，此方法即为桥域多尺度方法。

桥域多尺度方法是一种较为成熟的多尺度数值模拟方法，在材料科学和结构力学领域得到了极大的发展和应用。在材料多尺度方面，在不同尺度上构建材料的力学模型以捕捉材料的宏观力学行为和微观相应，实现材料力学性能宏细观信息的交互。在结构多尺度方面，构建结构的不同尺度的力学模型，模拟各个尺度的力学响应。桥域多尺度方法的关键技术是重叠区域的能量分配和不同尺度间的耦合方案，为了避免重复计算系统在耦合区域内的能量，引入了能量权函数。在桥域多尺度方法中，能量权函数通常被设定为恒定的分段连续函数，如常数、线性函数和二次型函数等。通过引入能量权函数计算得到了系统总能量，实现了两种模型能量的耦合。除了能量耦合，在桥接区域还需要满足其他量的耦合，如位移、应力等，因此出现了求解满足一定条件的极值问题，类似于高等数学中处理极值问题的拉格朗日乘数法。桥域多尺度方法通过引入拉格朗日乘子实现位移场、应力场的耦合。对于耦合算子，人们开发了多种耦合算子，典型的是 H^1 算子、L^2 算子和 H_p^1 算子等。

9.2   桥域多尺度方法发展前沿

目前，桥域多尺度方法已经成为材料科学[209-211]、食品工程、生物工程和土木工程等领域的研究前沿。根据近年的文献调研，该方法在结构多尺度方面应用较多，如用于二维锥体渗透实验[212]（主要用于工程地质评价）。通过构建的二维多尺度 CPT 模型，理论验证的有限元–离散多尺度耦合方法能够捕捉锥穿透过程中砂粒重排、锥尖附近应力集中、剪切膨胀、抗穿透振动和颗粒旋转等介观和宏观行为。该方法还被用于薄板失稳的建模和仿真，在靠近边界处采用实体模型以准确捕捉薄板的边界效用，在离边界稍远处采用壳体模型以准确模拟屈曲褶皱现象，并在其他次要区域采用缩减模型来减少模型整体的自由度，从而达到兼顾计算精度和效率的目的。Huang 等[213]首先基于 Foppl-Von Karman 薄板理论构建了薄膜的傅里叶缩减模型，该模型通过傅里叶级数展开，将原问题转化为缓慢变化的傅里叶系数的求解问题，从而大幅度减小了整体的自由度，大大提高了计算效率，在薄膜边界附近使用了全壳体模型以准确捕捉边界效应，并使用桥域多尺度方法成功耦合了傅里叶缩减模型和全壳体模型，最终发展了一种高效、准确模拟薄膜失稳现象的多尺度模型。Cheng 等[214]将 Ben Dhia 提出的 Arlequin 理论与有限元分析相结合，利用多尺度算法对正交各向异性钢桥面进行了疲劳评估，以某异形钢拱桥为例，应用 Arlequin 技术建立了包括焊缝细节在内的全桥有限元模型，讨论了局部模型与全局模型疲劳应力模拟的差异以及交通荷载作用下的疲劳性能。Sun 等[215]采用非线性 Arlequin 方法评价了并发多尺度框架下堤坝防渗结构行为，将材料非线性和 Arlequin 耦合效应联合在 ABAQUS 的子程序列表中实现。通过堤坝算例分析表明，所提方法能够较好地捕捉断堤墙不均匀沉降、岩心和壳体之间的拱形效应以及复杂的弯曲变形状态，肯定了非线性 Arlequin 方法在不损失太多精度的情况下提高了计算效率。Li 等[216]利用桥域方法建立了强震非线性下连续-离散多尺度耦合，便于模拟强震条件下，地下岩土的灾变和破坏的宏细观行为等。该方法还广泛地应用于复合材料中，如 Xiao[211]成功将桥域多尺度方法应用到纳米复合材料的多尺度建模与仿真中，研究了单壁碳纳米管、多壁碳纳米管和单壁碳纳米管束这三种形式的夹杂对纳米管铝基复合。

9.3 桥域多尺度方法的发展现状

桥域多尺度方法从诞生至今得到了不断地完善和发展，并被广泛应用于多尺度模型的构建。桥域多尺度方法最初由 Ben Dhia 为修正整体结构的局部模型而提出，后被 Xiao 等人将这一类方法称为桥域多尺度方法。Ben Dhia 和 Rateau 在数值计算方面进一步发展了桥域多尺度方法，并对一维杆件受自重、二维平板存在小孔或裂纹时受拉和三维管道肘部的弯曲问题进行了研究，结果表明桥域多尺度方法在耦合一维、二维和三维有限元模型时具有巨大的灵活性和有效性[217]。Hu 等人[218-221]成功地将桥域多尺度方法应用于三明治结构的多尺度建模，研究了三明治结构的边界效应和失稳现象。He 等人[222]运用桥域多尺度方法成功耦合了高阶和低阶梁单元，精准捕捉全局和局部效应的同时，大大提高了计算效率。Biscani 等人[223-224]使用桥域多尺度方法成功耦合了基于不同动力学假设的板单元，并进一步实现了实体单元和高阶板单元之间的耦合。Kpogan 等人[225-226]应用桥域多尺度方法耦合了三维实体模型和壳体模型，成功模拟了薄板轧制过程中的屈曲现象。Qiao 等人[227]将桥域多尺度方法植入到大型商业有限元软件 ABAQUS 中，发展了相应的桥域多尺度方法用户子模块，实现了网格不兼容的有限元模型的耦合和采用不同类型单元构建的有限元模型的耦合。Xiao 等人[228]在桥域多尺度方法的基础上实现了分子动力学模型和连续介质模型的耦合，构造的多尺度模型能够自然地避免在跨尺度界面上的假波反射而无需额外的过滤处理，即使对强非线性问题也能达到这样的效果。随后，Xiao [211]成功将桥域多尺度方法应用到纳米复合材料的多尺度建模与仿真中，研究了单壁碳纳米管、多壁碳纳米管和单壁碳纳米管束这三种形式的夹杂对纳米管铝基复合材料的杨氏模量和破坏强度的影响。Bauman 等人[229]采用桥域多尺度方法实现了离散模型和连续体模型的耦合。Prudhomme 等人[230]则提出了一种改进的桥域多尺度方法，完美解决了离散模型和连续体模型的耦合中存在的网格依赖的问题。Tampango 等人[231]在运用无网格方法求解椭圆偏微分方程的过程中，通过采用桥域多尺度方法匹配高阶多项式，在保证算法稳定的同时得到了指数收敛的求解速度。Ghanem 等人[232]基于桥域多尺度方法提出了一种通用的时空多尺度/多模型耦合的建模框架。该框架在面对时间步长相差较大的情况时也能保持稳定，而且十分便于并行计算的实现。Dhia[233]结合桥域多尺度方法和扩展有限元，针对裂纹扩展问题提出了一种新的数值模拟方法。该方法具有很高的灵活性，和传统的扩展有限元方法相比大幅提高了计算效率。Huang 等人[213]成功地将桥域多尺度方法用于薄膜失稳问题的研究中，并在 ABAQUS 中发展了相应的用户定义单元 (the user element, UEL)。在该工作中，Huang 等人[213]首先基于冯卡门薄板理论构建了薄膜的傅里叶缩减模型。该模型通过对待求物理场进行傅里叶级数展开，将原问题转化为缓慢变化的傅里叶系数的求解问题，从而大幅降低了模型的整体自由度，大大地提高了计算效率。接着，Huang 等人[213]在薄膜边界附近采用全壳体模型以精准捕捉边界效应，并使用桥域多尺度方法成功耦合了傅里叶缩减模型和全壳体模型，最终发展了一种能高效、准确地模拟薄膜失稳现象的多尺度模型。桥域多尺度方法的求解精度极大地依赖于耦合参数的设置，刘健等[234]选取桥域多尺度方法中具有代表性的多尺度模型，即一维杆件多尺度模型、离散-连续体模型和 1D-2D 三明治梁模型三种典型的多尺度模型生成样本数据，基于全局敏感性分析技术构建数据驱动模型，以统计学的视角从数据出发探究了耦合参数的优化设置。

9.4　桥域多尺度方法基本理论

桥接域耦合方法的模型如图 9-1 所示。

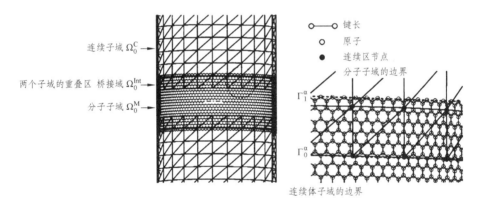

图 9-1　桥接域耦合方法模型

9.4.1 原子分子模型

在一个孤立的原子系统或分子系统中，总能量等于所有原子或分子的动能和势能的总和，在时间上是恒定的，并定义为哈密顿量 H^{M}。哈密顿量 H^{M} 可表示为：

$$H^{\mathrm{M}}(x_i(t), P_i^{\mathrm{M}}(t)) = \sum_i \frac{1}{2m_i} P_i^{\mathrm{M}} \cdot P_i^{\mathrm{M}} + W^{\mathrm{M}}(x_i(t)) = \mathrm{constant} \qquad （9\text{-}1）$$

式中 m_i——第 i 个原子的质量；

    x_i——原子 i 的位置，X_i 是原子 i 的初始位置，d_i 是原子 i 的位移，

        $x_i = X_i + d_i$；

    P_i^{M}——原子 i 的动量；

    $W^{M}(x_i)$——原子 i 的势能函数。

原子 i 的动量可以表示为：

$$P_i^{M} = m_i \dot{x}_i = m_i \dot{d}_i \tag{9-2}$$

$W^{M}(x_i)$ 包括单体势、两体势、三体势等，可表示为：

$$W^{M}(x_i) = \sum_i W_1(x_i) + \sum_{i,j>i} W_2(x_i, x_j) + \sum_{i,j>i,k>j} W_3(x_i, x_j, x_k) + \cdots$$

$$\tag{9-3}$$

在这里，假设势能包括外势和成对的原子间势组成，其中外势是由恒定的外力 F_i^{ext} 产生，如静电场力，成对的原子间势表示为 $W_{ij} = W_M(x_i, x_j)$，总的势能可以表示为：

$$W^{M} = -W_M^{ext} + W_M^{int} = -\sum_i f_i^{ext} d_i + \sum_{i,j} W_M(x_i, x_j) \tag{9-4}$$

因此，哈密顿正则运动方程可以表示为：

$$\dot{P}_i^{M} = -\frac{\partial H}{\partial x_i} = -\frac{\partial W^{M}}{\partial x_i}$$

$$\dot{x}_i = \dot{d}_i = \frac{\partial H}{\partial P_i^{M}} = \frac{P_i^{M}}{m_i} \tag{9-5}$$

式（9-5）可以合并为：

$$m_i \ddot{d}_i = -\frac{\partial W^{\mathrm{M}}}{\partial x_i} = \frac{\partial W_{\mathrm{M}}^{\mathrm{ext}}}{\partial d_i} - \frac{\partial W_{\mathrm{M}}^{\mathrm{int}}}{\partial d_i} = f_i^{\mathrm{ext}} - f_i^{\mathrm{int}} \tag{9-6}$$

其中，$f_i^{\mathrm{int}} = \dfrac{\partial W_{\mathrm{M}}^{\mathrm{int}}}{\partial d_i}$。

9.4.2　连续体模型

连续体模型将采用一个连续体的拉格朗日算子。假定要用连续介质方法处理的任何原子都保持在该域中，此方法不能直接适用于气体甚至固体行为的原子扩散。此方法针对的是晶体或非晶固体，并假设变形足够小，使空洞或位错不会在连续子域中发展。

连续体受质量守恒、线性动量、角动量和能量守恒的控制，闭包由本构方程提供。拉格朗日描述的质量守恒方程是一个代数方程，可以计算出密度。

连续体的线性动量方程可表示为：

$$\frac{\partial P_{ji}}{\partial X_j} + \rho_0 b_i = \rho_0 \ddot{u}_i \tag{9-7}$$

式中　ρ_0——初始密度；

　　　P_{ji}——第一皮奥拉-基尔霍夫应力张量；

　　　b_i——单位质量的体力；

　　　u_i——位移；

　　　$\ddot{u}_i$——u_i 相对于时间的二阶导数。

第一皮奥拉-基尔霍夫应力可以从连续体的势能中得到：

$$P = \frac{\partial W_{\mathrm{C}}(F)}{\partial F} \tag{9-8}$$

式中　F——变形梯度；

　　　W_{C}——连续体单位体积的势能。势能取决于建立在连续介质模型基础上的原子键的伸长率和角度的变化。

式（9-8）是一个基于原子势的连续体的本构方程。连续介质模型的总势可表示为：

$$W_C^{\text{int}} = \int_{\Omega_0^C} W_C(F) \mathrm{d}\Omega_0^C \qquad (9-9)$$

在连续介质域中，哈密顿量可表示为：

$$H^C = K^C + W^C = \int_{\Omega_0^C} \frac{1}{2} \rho v^{\mathrm{T}} v \mathrm{d}\Omega_0^C + W^C \qquad (9-10)$$

$$W^C = -W_C^{\text{ext}} + W_C^{\text{int}} = -\sum_i F_i^{\text{ext}\,C} u_i + \int_{\Omega_0^C} W_C(F) \mathrm{d}\Omega_0^C \qquad (9-11)$$

注意，一旦连续模型被有限元方法离散，对连续模型的节点力则使用相同的符号。连续体的速度可近似地表示为：

$$v(X,t) = \sum_I N_I(X) v_I(t) \text{ or } v_i(X,t) = \sum_I N_I(X) v_{iI}(t) \qquad (9-12)$$

其中，$N_I(X)$ 是形函数，离散方程可表示为：

$$M_I \ddot{u}_{iI} = f_{iI}^{\text{ext}\,C} - f_{iI}^{\text{int}\,C}, \quad M_I = \rho_0 V_I^0 \qquad (9-13)$$

式中　M_I——节点 I 的集总质量；

$f_{iI}^{\text{ext}\,C}$——外部节点力；

$f_{iI}^{\text{int}\,C}$——内部节点力。

由此可得：

$$f_{iI}^{\text{ext}\,C} = \frac{\partial W_C^{\text{ext}}}{\partial X_{iI}} \qquad (9-14)$$

$$\begin{aligned}
f_{iI}^{\text{int}\,C} &= \int_{\Omega^C} \frac{\partial N_I(x)}{\partial x_j} \frac{\partial w_C(F)}{\partial F_{ij}} \mathrm{d}\Omega^C \\
&= \int_{\Omega^C} \frac{\partial N_I(x)}{\partial x_j} P_{ji} \mathrm{d}\Omega^C \\
&= \int_{\Omega^C} \frac{\partial N_I(x)}{\partial x_j} \sigma_{ji} \mathrm{d}\Omega^C
\end{aligned} \qquad (9-15)$$

9.4.3　桥接域耦合方法

桥接域耦合方法主要包括：

（1）耦合方法。

在桥接域方法中，将总能量表示为分子能量和连续体能量的线性组合。在桥接子域中引入了一个尺度参数 α，即重叠子域。参数 α 定义为 $\alpha = \dfrac{l(X)}{l_0}$，其中 $l(X)$ 为 X 对 Γ_0^α 的正交投影，l_0 为 Γ_0^α 到 Γ_1^α 正交投影长度，如图 9-2 所示。因此，参数 α 可表示为：

$$\alpha = \begin{cases} 1, & \text{in } \Omega_0^C - \Omega_0^{int} \\ 0, & \text{in } \Omega_0^{int} \\ 0, & \text{in } \Omega_0^M - \Omega_0^{int} \end{cases} \tag{9-16}$$

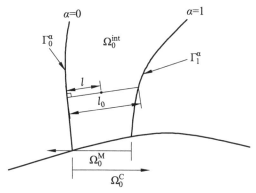

图 9-2　连续体和分子模型之间的桥接域

由图 9-2 可知，重叠域必须非常规则，才能明确定义上述尺度参数的定义。将完全域的哈密顿量表示为分子和连续哈密顿量的线性组合，可得：

$$\begin{aligned} H &= (1-\alpha)H^M + \alpha H^C \\ &= \sum_I \left(1 - \alpha(X_I)\right) \frac{p_I^M \cdot p_I^M}{2m_I} + (1-\alpha)W^M + \\ &\quad \sum_I \alpha(X_I) \frac{p_I^C \cdot p_I^C}{2M_I} + \alpha W^C \end{aligned} \tag{9-17}$$

将上述模型都被约束到重叠的子域 Ω_0^{int} 的关系式如下：

$$g_I = \{g_{il}\} = \{u_i(X_I) - d_{il}\} = \left\{ \sum_J N_J(X_I) u_{iJ} - d_{il} \right\} = 0 \qquad (9\text{-}18)$$

原子的位移必须与原子位置上的连续体位移相一致。这些约束条件被应用于位移的所有分量。

将拉格朗日乘子法应用该模型的约束条件中，然后根据模型的实际情况修改增广拉格朗日方法。

在拉格朗日乘子法中，总哈密顿量可表示为：

$$H_L = H + \lambda^T g = H + \sum_I \lambda_I^T g_I \qquad (9\text{-}19)$$

其中，$\lambda_I = \{\lambda_{il}\}$ 是拉格朗日乘子的一个向量，其分量对应于原子 I 的位移的分量。注意，拉格朗日乘子被分配给原子的离散位置。

采用增广拉格朗日方法需要在式（9-18）中添加一个惩函数，因此式（9-18）所示的总哈密顿量可表示为：

$$H_{AL} = H + \lambda^T g + \frac{1}{2}\beta g^T g = H + \sum_I \lambda_I^T g_I + \frac{1}{2}\sum_I \beta g_I^T g_I \qquad (9\text{-}20)$$

式中　β ——罚参数。

（2）离散方程。

拉格朗日乘子法的运动方程可表示为：

$$\alpha(X_I)\dot{P}_I^C = -\frac{\partial H_L}{\partial u_I}, \qquad \text{in } \Omega_0^C \qquad (9\text{-}21)$$

$$\alpha(X_I)\dot{u}_I = \frac{\partial H_L}{\partial p_I^C}, \qquad \text{in } \Omega_0^C \qquad (9\text{-}22)$$

$$\left(1 - \alpha(X_I)\right)\dot{p}_I^M = -\frac{\partial H_L}{\partial d_I}, \qquad \text{in } \Omega_0^M \qquad (9\text{-}23)$$

$$\left(1 - \alpha(X_I)\right)\dot{d}_I = \frac{\partial H_L}{\partial p_I^M}, \qquad \text{in } \Omega_0^M \qquad (9\text{-}24)$$

式（9-20）中，动量的一阶导数是力，力等于能量对位移的一阶导数。

式（9-21）为速度公式。

将式（9-20）~（9-24）进行合并，由此可以推导出：

$$\bar{M}_I \ddot{u}_I = f_I^{\text{ext C}} - f_I^{\text{int C}} - f_I^{LC}, \quad \text{in } \Omega_0^C$$

$$\bar{m}_I \ddot{d}_I = f_I^{\text{ext}} - f_I^{\text{int}} - f_I^{LC}, \qquad \text{in } \Omega_0^M \tag{9-25}$$

其中：

$$\bar{M}_I = \alpha(X_I) M_I$$

$$\bar{m}_I = (1 - \alpha(X_I)) m_I \tag{9-26}$$

包括比例因子在内的外部节点力被定义为：

$$f_I^{\text{ext C}} = \int_{\Omega_0^C} \alpha(X) N_I \rho_0 \mathrm{d}\Omega_0^C + \int_{\Gamma_0^t} \alpha(X) N_I \bar{t} \mathrm{d}\Gamma_0^t \tag{9-27}$$

$$f_I^{\text{ext}} = (1 - \alpha(X_I)) \overline{f}_I \tag{9-28}$$

以此类推，内部力也可表示为：

$$f_I^{\text{int C}} = \int_{\Omega_0^C} \alpha(X) \frac{\partial N_I(X)}{\partial X_j} P_{ji} \mathrm{d}\Omega_0^C \tag{9-29}$$

$$f_I^{\text{int}} = (1 - \alpha(X_I)) \sum_{I, J > I} \frac{\partial w_M(x_I, x_J)}{\partial d_I} \tag{9-30}$$

力 f_I^{LC} 和 f_I^L 是由于拉格朗日乘子所施加的约束，可以表示为：

$$f_I^{LC} = \sum_J \lambda_J^{\mathrm{T}} \frac{\partial g_J}{\partial u_I} = \sum_j \lambda_J^{\mathrm{T}} G_{JI}^C \tag{9-31}$$

$$f_I^L = \sum_J \lambda_J^{\mathrm{T}} \frac{\partial g_J}{\partial d_I} = \sum_j \lambda_J^{\mathrm{T}} G_{JI}^M \tag{9-32}$$

其中：

$$G_{JI}^{C} = \left[\frac{\partial g_J}{\partial u_I} \right] = \left[N_{JI} I \right] \qquad (9\text{-}33)$$

$$G_{JI}^{M} = \left[\frac{\partial g_J}{\partial d_I} \right] = \left[-\delta_{IJ} I \right] \qquad (9\text{-}34)$$

$$N_{IJ} = N_I \left(X_J \right) \qquad (9\text{-}35)$$

对于增广拉格朗日方法，离散方程为：

$$\bar{M}_I \ddot{u}_I = f_I^{\text{ext C}} - f_I^{\text{int C}} - f_I^{\text{ALC}}, \qquad \text{in } \boldsymbol{\Omega}_0^C \qquad (9\text{-}36)$$

$$\bar{m}_I \ddot{d}_I = f_I^{\text{ext}} - f_I^{\text{int}} - f_I^{\text{AL}}, \qquad \text{in } \boldsymbol{\Omega}_0^M \qquad (9\text{-}37)$$

$$\begin{aligned} f_I^{\text{AL}} &= \sum_J \lambda_I^{\text{T}} \frac{\partial g_J}{\partial d_I} + \sum_J p g_J^{\text{T}} \frac{\partial g_J}{\partial d_I} \\ &= \sum_J \lambda_J^{\text{T}} \left[-\delta_{II} I \right] + \sum_J p \left[\sum_I N_{IJ} u_I - d_J \right]^{\text{T}} \left[-\delta_{IJ} I \right] \end{aligned} \qquad (9\text{-}38)$$

$$\begin{aligned} f_I^{\text{ALC}} &= \sum_J \lambda_J^{\text{T}} \frac{\partial g_J}{\partial u_I} + \sum_J p g_J^{\text{T}} \frac{\partial g_J}{\partial u_I} \\ &= \sum_J \lambda_J^{\text{T}} \left[N_{IJ} I \right] + \sum_J p \left[\sum_I N_{IJ} u_I - d_J \right]^{\text{T}} \left[N_{IJ} I \right] \end{aligned} \qquad (9\text{-}39)$$

（2）显式算法。

这里使用了 Verlet 算法，该算法与中心差分法相同，除了 Verlet 形式避免了半时间步长的速度。该算法更新了每个时间步长的位移和速度，可表示为：

$$u(t + \Delta t) = u(t) + \dot{u}(t) \Delta t + \frac{1}{2} \ddot{u}(t) \Delta t^2 \qquad (9\text{-}40)$$

$$\dot{u}(t + \Delta t) = \dot{u}(t) + \frac{1}{2} [\ddot{u}(t) + \ddot{u}(t + \Delta t)] \Delta t \qquad (9\text{-}41)$$

利用拉格朗日乘子法求解耦合动力系统，提出了一种基于速度 Verlet 算法的显式算法。假设在时间步长 n 时，加速度、位移和速度都是已知的，则下一个时间步 $n+1$ 的位移可表示为：

$$u^*_{I(n+1)} = u_{I(n)} + \dot{u}_{I(n)}\Delta t + \frac{1}{2}\ddot{u}_{I(n)}\Delta t^2, \qquad \text{in } \Omega^C_0 \qquad (9\text{-}42)$$

$$d^*_{I(n+1)} = d_{I(n)} + \dot{d}_{I(n)}\Delta t + \frac{1}{2}\ddot{d}_{I(n)}\Delta t^2, \qquad \text{in } \Omega^M_0 \qquad (9\text{-}43)$$

式（9-43）中，下标 n 为时间步长数，加速度是由该式得到的，不考虑约束产生的力，由此可得：

$$\ddot{u}_{I(n+1)} = \frac{1}{\bar{M}_I}\Big[f^{\text{ext C}}_{I(n+1)} - f^{\text{int C}}_{I(n+1)} \Big], \qquad \text{in } \Omega^C_0 \qquad (9\text{-}44)$$

$$\ddot{d}_{I(n+1)} = \frac{1}{\bar{m}_I}\Big[f^{\text{ext}}_{I(n+1)} - f^{\text{int}}_{I(n+1)} \Big], \qquad \text{in } \Omega^M_0 \qquad (9\text{-}45)$$

由此，试速度可表示为：

$$\dot{u}^*_{I(n+1)} = \dot{u}_{I(n)} + \frac{1}{2}\Big[\ddot{u}_{I(n)} + u_{I(n+1)} \Big]\Delta t \qquad \text{in } \Omega^C_0 \qquad (9\text{-}46)$$

$$\dot{d}^*_{I(n+1)} = \dot{d}_{I(n)} + \frac{1}{2}\Big[\ddot{d}_{I(n)} + \ddot{d}_{I(n+1)} \Big]\Delta t \qquad \text{in } \Omega^M_0 \qquad (9\text{-}47)$$

在时间步长 $n+1$ 处的速度可以交替地表示为：

$$\begin{aligned}
\dot{u}_{I(n+1)} &= \dot{u}_{I(n)} + \frac{1}{2}\Big[\ddot{u}_{I(n)} - \bar{M}_I^{-1} f^L_{I(n)} + \ddot{u}_{I(n+1)} - \bar{M}_I^{-1} f^{LC}_{I(n+1)} \Big] \\
&= \dot{u}_{I(n)} + \frac{1}{2}\Big[\ddot{u}_{I(n)} + \ddot{u}_{I(n+1)} \Big]\Delta t - \bar{M}_I^{-1}\Delta t \sum_J G^C_{II}\lambda_J \qquad (9\text{-}48) \\
&= \ddot{u}^*_{I(n+1)} - \bar{M}_I^{-1}\Delta t \sum_J G^C_{JI}\lambda_J
\end{aligned}$$

$$\dot{d}_{I(n+1)} = \dot{d}_{I(n)} + \frac{1}{2}\left[\ddot{d}_{I(n)} - \bar{m}_I^{-1} f_{I(n)}^L + \ddot{d}_{I(n+1)} - \bar{m}_I^{-1} f_{I(n+1)}^L\right]\Delta t$$

$$= \dot{d}_{I(n)} + \frac{1}{2}\left[\ddot{d}_{I(n)} + \ddot{d}_{I(n+1)}\right]\Delta t - \bar{m}_I^{-1}\Delta t \sum_J G_{II}^M \lambda_J \qquad (9\text{-}49)$$

$$= \dot{d}_{I(n+1)}^* - \bar{m}_I^{-1}\Delta t \sum_J G_{JI}^M \lambda_J$$

其中，$\lambda_I = \dfrac{1}{2}\left[\lambda_{I(n)} + \lambda_{I(n+1)}\right]$ 表示未知的拉格朗日乘子（为每个原子分配一个拉格朗日乘子）。上述速度满足时间导数形式的约束条件可表示为：

$$\dot{g}_{I(n+1)} = \dot{u}\left(X_I\right)_{(n+1)} - \dot{d}_{I(n+1)} = \sum_J N_{IJ}\dot{u}_{J(n+1)} - \dot{d}_{J(n+1)} \qquad (9\text{-}50)$$

将（9-48）代入（9-49），可以将未知的拉格朗日乘子表示为：

$$\sum_L A_{IL}\lambda_L = g_I^* \qquad (9\text{-}51)$$

其中：

$$A_{IL} = \Delta t \bar{M}_I^{-1}\sum_J N_{JI} G_{LJ}^C - \Delta t \bar{m}_I^{-1} G_{LI}^M \qquad (9\text{-}52)$$

$$g_I^* = \sum_J N_{JI}\dot{u}_J^* - d_I^* \qquad (9\text{-}53)$$

$$A_{IL} = \sum_L\left[\Delta t \bar{M}_I^{-1}\sum_J N_{JI} G_{LJ}^C - \Delta t \bar{m}_I^{-1} G_{LI}^M\right] \qquad (9\text{-}54)$$

因此，未知的拉格朗日乘子可以表示为：

$$\lambda_I = A_{II}^{-1} g_I^* \qquad (9\text{-}55)$$

动力学求解显式算法的步骤主要包括：

（1）初始化区域、位移、速度和加速度。

（2）利用式（9-42）、式（9-43）计算位移。

（3）利用式（9-46）、式（9-47）计算试验速度。

（4）利用式（9-54）、式（9-55）计算未知的拉格朗日乘子。

（5）利用式（9-49）更新速度。

（6）重复步骤（2）~步骤（5），直到模拟结束。

在得到拉格朗日乘子后，通过将拉格朗日乘子代入式（9-46）、式（9-47）可以得到在时间步长 $n+1$ 处的修正速度。对于增广拉格朗日方法，式（9-46）、式（9-47）中的试验速度的加速度可表示为：

$$\ddot{u}^*_{I(n+1)} = \frac{1}{M_I}\left[f^{\mathrm{ext}\,\mathrm{C}}_{I(n+1)} - f^{\mathrm{int}\,\mathrm{C}}_{I(n+1)} - f^{\mathrm{PC}}_{I(n+1)} \right] \qquad \mathrm{in}\ \Omega_0^{\mathrm{C}} \qquad (9\text{-}56)$$

$$\ddot{d}^*_{I(n+1)} = \frac{1}{m_I}\left[f^{\mathrm{ext}}_{I(n+1)} - f^{\mathrm{int}}_{I(n+1)} - f^{\mathrm{P}}_{I(n+1)} \right] \qquad \mathrm{in}\ \Omega_0^{\mathrm{M}} \qquad (9\text{-}57)$$

其中，f_I^{PC} 和 f_I^{P} 是从惩罚项中产生的额外力，是 f_I^{ALC} 和 f_I^{AL} 的一部分。f_I^{PC} 和 f_I^{P} 被定义为：

$$f_I^{\mathrm{PC}} = \sum_J p\left[\sum_I N_{IJ} u_I - d_J \right]^{\mathrm{T}} \left[N_{IJ} I \right] \qquad (9\text{-}58)$$

$$f_I^{\mathrm{P}} = \sum_J p\left[\sum_I N_{IJ} u_I - d_J \right]^{\mathrm{T}} \left[-\delta_{IJ} I \right] \qquad (9\text{-}59)$$

桥接域耦合方法的动力学解显式算法流程图如图 9-3 所示。

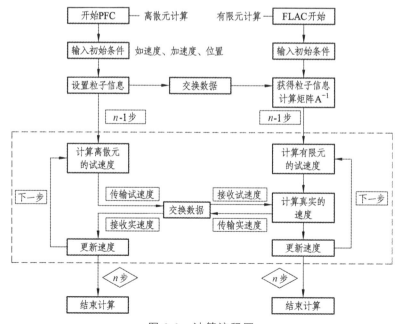

图 9-3　计算流程图

在重叠子域中，由于标度参数 α 的取值范围为 0~1，因此在连续域的边缘 Γ_0^α 以及分子域的边缘 Γ_1^α 上可能存在零质量节点。为了求解重叠域内式（9-54）所示的拉格朗日乘子，沿 Γ_0^α 的尺度参数 α 的取值为 0.001，沿 Γ_1^α 的尺度参数 α 的取值为 0.999。

9.5　桥域多尺度方法的模拟软件

李明广[235]在"离散元-连续多尺度桥域耦合动力学分析方法"中描述了离散元方法是基于通用的 PFC.V4.0 离散元商业软件，有限差分方法基于通用的 FLAC.V5.0 差分法商业软件。这两款软件具有 TCP/IP 接口连接功能，可以快速地交换数据。整个计算过程通过编写 FISH 程序实现 FLAC 和 PFC 的耦合运算，具体的运算流程包括：

（1）初始化连续介质和离散介质区域。

（2）将 PFC 程序中的颗粒信息发送至 FLAC 软件，FLAC 软件接收到颗粒的相关信息后采用 LU 分解法求解得到 A-1。

（3）FLAC 程序和 PFC 程序分别同时运算一个时间步长内的程序，得到节点和颗粒的计算试速度。

（4）PFC 程序将计算所得的试速度发送至 FLAC 软件，FLAC 软件根据接收到的颗粒试速度和计算得到的节点试速度求解出未知的拉格朗日乘数，得到节点和颗粒的实时速度。

（5）FLAC 将颗粒的实时速度传回 PFC，PFC 收到颗粒的实时速度后，两者同时更新速度。

（6）重复步骤（3）~步骤（5），直到计算结束。

Qiao 等[227]将桥域多尺度方法植入到大型商业有限元软件 ABAQUS 中，发展了相应的桥域多尺度方法用户子模块，实现了网格不兼容的有限元模型耦合和采用不同类型单元构建的有限元模型耦合。梁迎春等[210]利用桥域方法研究 Cu 单晶纳米切削，采用 LibMultiScale-1.3 程序进行了相关研究。桂军敏等[236]利用桥域多尺度方法研究纳米 Cu 薄膜摩擦，在细观区域采用 Lammps 进行建模，连续介质区域采用 Gmsh 建立有限元网格，最后通过 Libmultiscale 完成对原子区域和连续介质区域的桥接。

第10章 有限元软件 ABAQUS 基本操作

有限元软件 ABAQUS 是一套功能强大的工程模拟有限元软件，可以解决相对简单的线性分析问题以及许多复杂的非线性问题。有限元软件 ABAQUS 包括一个丰富的、可模拟任意几何形状的单元库，拥有各种类型的材料模型库，可以模拟典型工程材料的性能如金属、橡胶、高分子材料、复合材料、钢筋混凝土、可压缩超弹性泡沫材料以及土壤和岩石等地质材料作为通用的模拟工具。有限元软件 ABAQUS 不仅能解决大量结构（应力/位移）问题，还可以模拟其他工程领域的许多问题，如热传导、质量扩散、热电耦合分析、声学分析、岩土力学分析（流体渗透/应力耦合分析）及压电介质分析等方面的问题，主要包括：

（1）静态应力/位移分析。

有限元软件 ABAQUS 可以进行线性、材料和几何非线性以及结构断裂分析等。

（2）动态分析黏弹性/黏塑性响应分析。

有限元软件 ABAQUS 可以进行黏塑性材料结构的响应分析。

（3）热传导分析。

有限元软件 ABAQUS 可以进行传导、辐射和对流的瞬态或稳态分析。

（4）质量扩散分析。

有限元软件 ABAQUS 可以进行静水压力造成的质量扩散和渗流等方面的分析；

（5）耦合分析。

有限元软件 ABAQUS 可以进行热/力耦合、热/电耦合、压/电耦合，流/力耦合、声/力耦合等方面的分析；

（6）非线性动态应力/位移分析。

有限元软件 ABAQUS 可以模拟各种随时间变化的大位移、接触等方面的分析。

（7）瞬态温度/位移耦合分析。

有限元软件 ABAQUS 可以解决力学、热响应及其耦合等方面的问题。

（8）准静态分析。

有限元软件 ABAQUS 可以进行显式积分方法求解、静态和冲压等准静态方面的问题分析。

（9）退火成形过程分析。

有限元软件 ABAQUS 可以对材料退火热处理过程进行模拟。

（10）海洋工程结构分析。

有限元软件 ABAQUS 可以对海洋工程的特殊载荷如流载荷、浮力、惯性力等进行模拟；对海洋工程的特殊结构如锚链、管道、电缆等进行模拟；对海洋工程特殊连接如土壤/管柱连接、锚链/海床摩擦、管道/管道相对滑动等进行模拟。

（11）水下冲击分析。

有限元软件 ABAQUS 可以进行对冲击载荷作用下的水下结构进行分析。

（12）柔体多体动力学分析。

有限元软件 ABAQUS 可以进行对机构的运动情况进行分析，对有限元功能结合进行结构和机械的耦合进行分析，可以考虑机构运动中的接触和摩擦。

（13）疲劳分析。

有限元软件 ABAQUS 可以根据结构和材料的受载情况统计结果进行生存力分析和疲劳寿命预估。

（14）设计灵敏度分析。

有限元软件 ABAQUS 可以进行对结构参数进行灵敏度分析，并据此进行结构的优化设计。

有限元软件 ABAQUS 除具有上述常规的和特殊的分析功能外，在材料模型、单元、载荷、约束及连接等方面也具有强大的分析功能，主要包括：

（1）对于材料模型，可以定义多种材料本构关系及失效准则模型，如弹性模型、线弹性等可以定义材料的模量、泊松比等弹性特性。

（2）对于正交各向异性模型，具有多种典型的失效理论，可用于复合材料的结构分析。

（3）对于多孔结构弹性模型，可用于模拟土壤和可挤压泡沫的弹性行为分析。

（4）对于亚弹性模型，可以分析应变对模量的影响。

（5）对于超弹性模型，可以模拟橡胶类材料的大应变造成的影响。

（6）对于黏弹性模型，可以分析时域和频域的黏弹性材料模型等。

有限元软件 ABAQUS 包括 ABAQUS/Standard 和 ABAQUS/ Explicit 主求解器模块，还包含一个全面支持求解器的图形用户界面即 ABAQUS/CAE 人机交互前后处理模块。有限元软件 ABAQUS 对某些特殊问题还提供了专用模块来加以解决相关问题。

10.1　ABAQUS 说明简略图和表

有限元软件 ABAQUS 包含的文件系统如表 10-1 所示。

表 10-1　ABAQUS 文件系统汇总表

文件类型	文件名及扩展名	说　明
数据库文件	模型数据库文件（.cae）	包含几何模型、网格、载荷等信息及分析任务等，可以在 ABAQUS/CAE 中直接打开
	结果数据库文件（.odb）	包含在分析模块中定义的场变量和历史变量输出结果，可以由可视化模块打开，也可在 ABAQUS/CAE 中直接打开，也可以输入到 CAE 文件中作为部件或模型
输入文件	inp 文件	文本文件。可以在作业 Job 模块中提交任务或单击分析作业管理器中的"Write Input"按钮后，在工作目录中生成此文本文件。inp 文件可以输入模型，也可以由 ABAQUS Command 直接运行。inp 文件输入的模型只包含有限元模型而不是几何模型
	pes 文件	参数更改后重新生成的 inp 文件
	Par 文件	参数更改后重写的以参数形式运行的 inp 文件
日志文件	Log 文件	文本文件，运行 ABAQUS 的日志

续表

文件类型	文件名及扩展名	说　明
数据文件	Dat 文件	文本文件，记录数据和参数检查、单元质量检查等信息，包含预处理 inp 文件产生的错误和警告信息。包含用户定义的 ABAQUS/standard 输入数据，ABAQUS/Explicit 的结果不会写入其中
信息文件	Msg 文件	记录计算过程中的平衡迭代次数、参数设置、计算时间、错误与警告信息等
	Ipm 文件	ABAQUS/CAE 分析时开始写入，记录从 ABAQUS/Standard 或 ABAQUS/Explicit 到 ABAQUS/CAE 的过程日志
	Prt 文件	模型的部件与装配信息
	Pac 文件	模型信息，仅用于 ABAQUS/Explicit
状态文件	Sta 文件	文本文件，包含分析过程信息
	Abq 文件	仅用于 ABAQUS/Explicit，记录分析、继续和恢复命令
	Stt 文件	运行数据检查时产生的文件
	Psr 文件	文本文件，参数化分析要求的输入结果
	Sel 文件	用于结果选择，仅用于 ABAQUS/Explicit
模型文件	Mdl 文件	ABAQUS/Standard 与 ABAQUS/Explicit 中运行数据产生的文件
保存命令的文件	Jnl 文件	文本文件，包含于复制已存储的模型数据库的 ABAQUS/CAE 命令
	Rpy 文件	记录运行一次 ABAQUS/CAE 所运用的所有命令
	Rec 文件	包含用于恢复内存中模型数据库的 ABAQUS/CAE 命令
重启动文件	Res 文件	使用 step 功能模块进行定义
脚本文件	Psf 文件	用户定义参数化项目时需要创建的文件
临时文件	Ods 文件	记录长输出变量的临时运算结果，运行后自动删除
	lck	用于阻止并发写入输出数据库，关闭输出数据库时自动删除

有限元软件 ABAQU S 的模块如表 10-2 所示，分析流程如图 10-1 所示。

表 10-2　ABAQUS 模块说明表

模块	说明
Optimization	进行零部件建模（如 3D、2D、轴对称）、模型编辑及修复（如去除烂面、抽取中面、模型切割等）
Property	创建材料以及截面，完成属性的设置
Assembly	组件装配体用于后续分析
Step	创建分析以及定义输出
Interaction	创建相互作用，包括接触、耦合、弹簧单元、质量单元、焊点等
Load	施加载荷、约束以及模型初始条件
Mesh	进行网格划分以及单元类型设置
Part	创建优化任务
Job	创建作业以及求解
Visualization	可视化后处理
Sketch	创建草图，可用于零部件建模

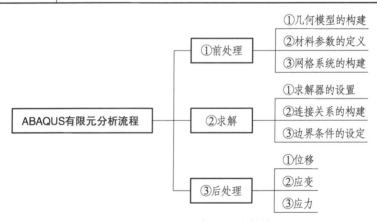

图 10-1　ABAQUS 有限元分析流程

10.2　ABAQUS 基本操作

有限元软件 ABAQUS 包含较多的分析模块，主要的分析模块包括 ABAQUS/CAE 及 Viewer。ABAQUS/CAE 模块主要应用于建模及相应的前处理，Viewer 模块主要应用于对结果进行分析及处理，CAE 模块主要应用于分

析对象的建模、设置特性及约束条件、进行网格的划分以及数据的传输等，
其核心步骤主要包括：

（1）创建部件。

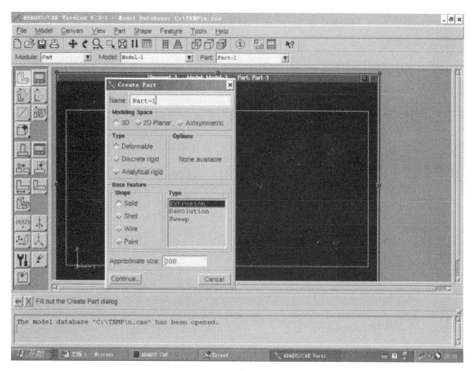

图 10-2　部件创建

打开创建部件界面，如图 10-2 所示，在"Name"中输入"Part"。"Modeling
Space"选项中的"3D"表示模拟对象为三维的，"2D"表示模拟对象为二维
的，"Aaxisymmetric"表示模拟对象为轴对称的，这三个选项要根据模拟对
象结构而定。"Type"选项中的"Deformable"为一般选项，适合于绝大多数
的模拟对象；"Discrete rigid"和"Analytical rigid"主要应用于多个物体组
合时与所研究对象相关的物体。ABAQUS 假设这些与研究对象相关的物体均
为刚体，对于简单球形刚体而言，选择"Deformable"即可；若刚体形状较复
杂或者是不规则的几何图形，那么就选择"Discrete rigid"和"Analytical rigid"。
由于"Discrete rigid"和"Analytical rigid"所建立的模型是离散的，只能采
用近似方法来分析，因此与实际物体稍有不同，产生的误差较大。"Shape"
中有 4 个选项，其排列规则是按照维数而定的，可以根据模拟对象确定。"Type"

选项中，"Extrusion"用于建立一般情况的三维模型；"Revolution"用于建立旋转体模型；"Sweep"用于建立形状任意的模型。"Approximate size"选项表示在此栏中设定作图区的尺寸，其单位与选定的单位一致。设置完毕，点击"Continue"进入作图区，如图10-3所示。

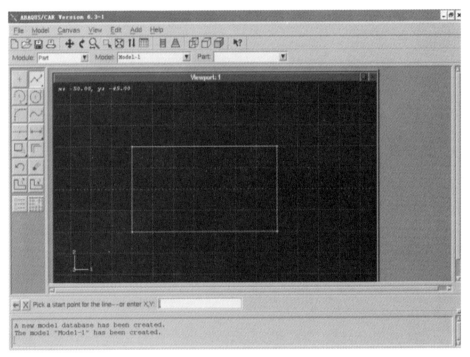

图 10-3　作图界面

此时，界面左侧的工具栏显示可用，可以利用点、线、面进行作图。（2）

（2）创建材料。

创建材料是赋予研究对象的力学、热学、化学及材料本身的性能相关的技术指标。

打开"Create Material"界面，在"Name"中输入"steel"，如图10-4所示。

打开"Edit Material"界面，选择"Mechanical"→"Elasticity"，可以各种类型的材料，如 Elastic、Hyperelastic、Hyperfeam、Hypoelastic、Porous Elastic、Viscoelastic 等。材料设置界面如图10-5所示。

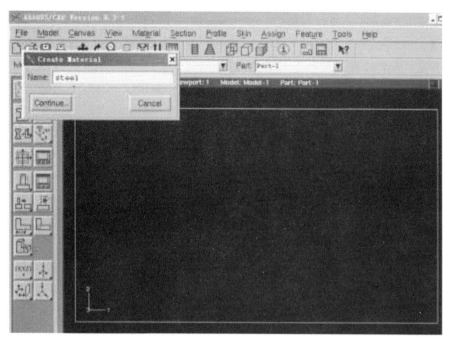

图 10-4　材料设置界面（一）

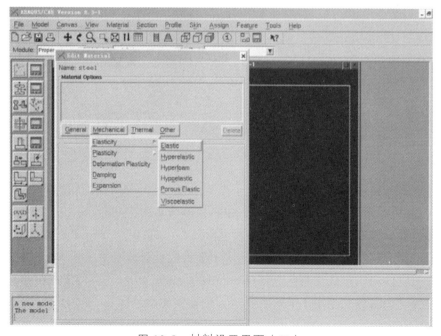

图 10-5　材料设置界面（二）

根据图 10-5 设置好材料后，可以编辑材料。打开"Edit Material"界面，"Material Options"中显示当前所选择的材料类型，"Suboptions"选项主要用于设置材料断裂时限制断裂处的应力、应变，当应力、应变，达到设定值时即为断裂。"Long-time"选项中有两个选项，分别表示材料受到持续力和瞬时力作用的两种情况。在"DATA"选项中输入材料给定的杨氏模量和泊松比的值，其单位与已设定单位一致。弹性材料设置界面图如图 10-6 所示。

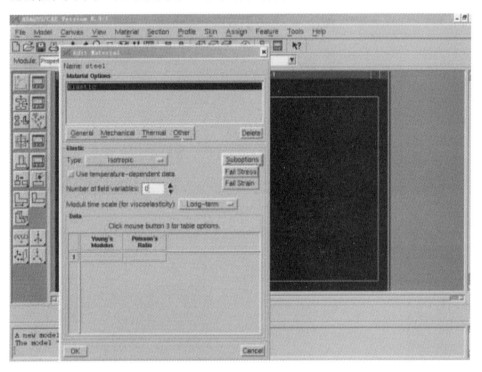

图 10-6　弹性材料设置界面图

设置好物体的材料特性后，下一步就要选择这种材料对应的实体。打开"Create Section"界面，在"Name"中将实体命名为"plane"。"Category"选项包括所研究对象的四种形状，即"Solid""Shell""Beam""Other"。"Type"选项中，"Homogeneous"适用于组成材料分布且变形均匀的物体，如平面应力多用于线性材料。"Generalized plane strain"多用于材料的不均匀形变，如角应变多用于非线性材料。创建实体的界面图 10-7 所示。

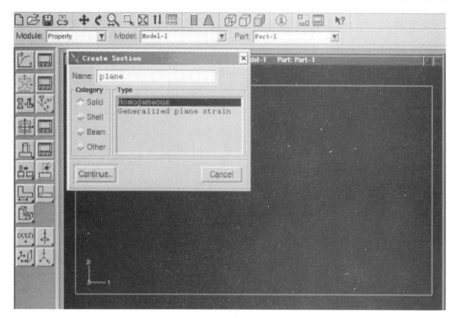

图 10-7　创建实体的界面图

创建实体后，在弹出的"Edit Section"对话框中，"Material"选项为已定义的"steel"。对于单个研究对象而言，不需要再进行设置。"Plane stress/strain thickness"选项应根据应力应变的实际厚度来定，如对于平面应力一般选取物体的实际厚度，对于平面应变一般选取力沿着物体作用方向的实际长度。编辑实体如图 10-8 所示。

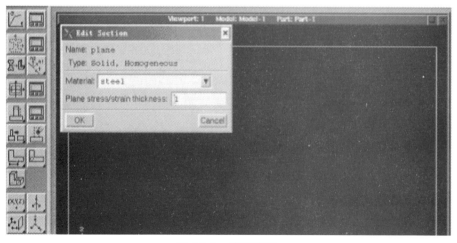

图 10-8　编辑实体

　　设置好实体的材料特性和研究对象后，需要对已经定义的实体材料特性赋予相应的研究对象，如图 10-9。

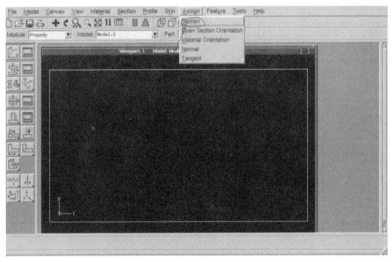

图 10-9　赋予研究对象的截面图

　　在 ABAQUS/CAE 软件的菜单中选择"Profile"，可以编辑实体的 Profile 属性。Profile 选项适用于研究对象为杆的情况，在此可定义与杆的截面有关的信息，如横截面的形状、面积、转动惯量等，如图 10-10 所示。

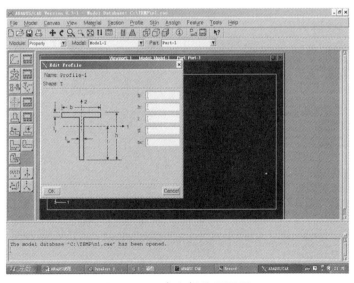

图 10-10　定义杆的界面图

　　"Skin"选项适用于研究对象为三维或轴对称的情况，可以在三维物体的某一个面或者轴对称物体的一条边上附上一层皮肤，这种皮肤可以是与实体材料（如铝等）不同的各种材料。在创建皮肤之前需要定义一个或多个材料和实体，然后才能执行"Creat skin"命令。为了定义皮肤，定义实体时必须选择"Shell" "Membrane"或者"Gasket"这些适合于皮肤的类型。一般来讲，定义皮肤后不能直接从"Viewpoint"里直接选取"skin 面"，这时就需要执行"Tool-set"命令，选取所需要的"skin 面"。点击"set"完成"skin 面"设置。

　　如果将 shell、membrane 或 gasket 单元赋值给 skin，那么在 Mesh 步中就必须对应地赋予其 shell、membrane 或 gasket 单元。另外，对于三维物体，在 Mesh 步中可以产生面和线单元以对其进行网格划分。当划分三维物体的面和线时，位于其上方的皮肤加强层也相应的被网格剖分了，不能单独对皮肤加强层进行网格划分。"Offset"选项可以对皮肤附加边和皮肤附加面进行定位，"Offset"值可以为正也可以为负，如图 10-11 所示。如果壳体和轴对称物体中的"Offset"值为负，表明其上的皮肤边被定位；如果实体中的"Offset"值为负，表明皮肤层被实体所包含。

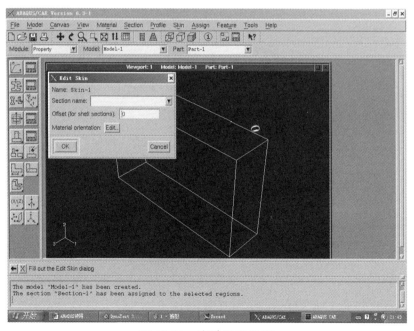

图 10-11　皮肤设置界面

（3）建立统一的坐标系。

打开"Create Instance"对话框，创建一个"Part-1"的统一坐标系，如图 10-12 所示，然后点击"OK"按键。

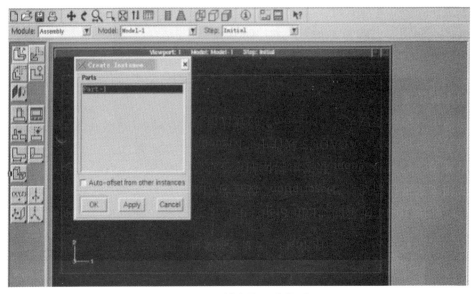

图 10-12　创建统一坐标系

（4）定义分析。

定义的分析步骤视具体情况而定，可以是一步分析也可能需要多步分析，如 initial、step-1、step-2、……其中 initial 为 ABAQUS 自动给出，其余为自定义。在应用例题中，initial 赋予边界条件，step-1 赋予集中力荷。"Procedure type"包括"General""Linear perturbation"两个选项，"General"选项为"General nonlinear perturbation"与"Linear perturbation"相对应，定义了一个连续的事件，即前一个 General 步的结束是后一个 General 步的开始。"Linear perturbation"选项定义了在 General nonlinear 步结束时的一个线性扰动响应。在没有线性绕动的情况下，一般选择"General"；如果是静态问题，下面选项就选择"static general"，然后点击"Continue"进入编辑状态。分析步的赋值如图 10-13 所示。

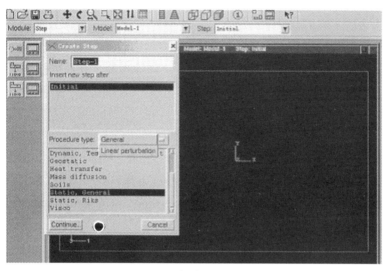

图 10-13　分析步的赋值界面图

在图 10-14 所示的"Edit Step"中，选择"Basic"可以定义时间步长，并用文字进行描述。"Description"设置为"Load the Plane"，"Time periant"设置为"1"。Nigeom 状态由物体的形变或位移大小而定，在静态问题中一般为小位移形变，ABAQUS 软件中"Nigeom"的默认值为"OFF"；在动态问题中一般形变较大，"Nigeom"的默认值为"ON"。其后的两个复选框均用于热传递。

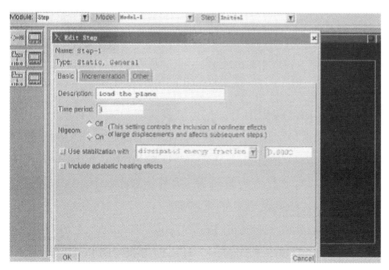

图 10-14　分析步的编辑界面

在图 10-15 所示的"Edit Step"的"Incrementation"栏中，通过选择增量尺寸来确定所输出的帧（Frame）的数量。增量的尺寸越小，所输出的帧的数量就越多；帧的数量不能无限的多，可以通过设置"Maximum number of increments"的值来确定帧的最大值。将图 10-15 的"Maximum number of increments"设置为"100"，将"Increment size"的"Initial"设置为"0.01"，将"Minimun"设置为"1e-005"，将"Maximum"设置为"1"。如果出现结果不收敛的情况，可以将"Increment size"的最"Minimum"设置得更小。另外，为了避免结果不收敛的情况，可以通过选择"Atomatic"选项来自动调节系统的增量尺寸。在确保所选的增量尺寸能够收敛的情况下，选择"Fixed"，这样可以加快系统运算速度，减少内存。

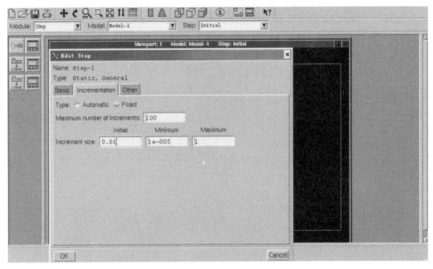

图 10-15　Incrementation 栏的设置界面

由于将要给物体加载集中力，把加载的过程分成了 100 步，所以加载力从第一步开始由零递增。因此，在图 10-16 所示的"Edit Step"的"Other"栏中，将"Default load variation with time"设置为"Ramp linearly over step"。"Intantaneous"表示的加载力为瞬时力。另外，在首项中还可以设置求解器类型，一般情况下，选择系统默认的求解器。

依次选择"Output"→"Edit Field Output Request"，在弹出的如图 10-17 所示的"Edit Field Output Request"对话框中将"Domain"设置为"Whole model"，单击"OK"，创建一个输出要求。

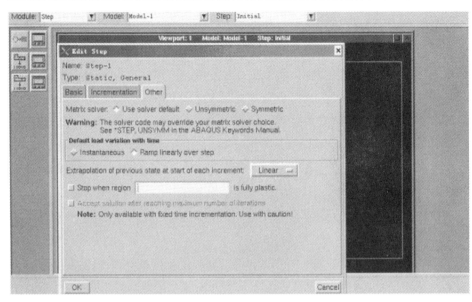

图 10-16　加载力的设置界面

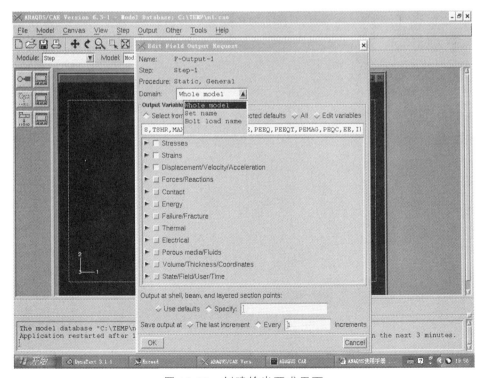

图 10-17　创建输出要求界面

在图 10-17 中，"Domain"项选择"Whole model"代表将整个模型的场数据或历史数据输出到数据库中，选择"Set name"代表将所选定的已经命名区域的场数据或历史数据输出到数据库中，选择"Bolt load name"代表将已命名的螺栓荷载的场数据或历史数据输出到数据库中。"Output Variable"表示可以输出的应力、应变、位移等变量。"Use defaults"项用于将系统默认的截面点场数据输出到数据库中，此时的系统默认值即为在 PROPERTY 步中定义的截面点。"Specify"项用于将自定义的截面点场数据输出到数据库中，自定义的截面点只能用于已选择的输出要求中，而对于其中的未选项仍使用默认的截面点。"Save output at"用于定义结果的输出频率。设置完毕后点"OK"按键。

主菜单中的"Other"选项只适用于 ABAQUS 显示分析（Explicit），如冲击和爆炸这样短暂、瞬时的动态事件。"Basic""Incrementation"主要用于选择一个区域，适时改变其网格划分以适合冲击和爆炸等短暂、瞬时的动态事件。"Other"选项也只适用于 ABAQUS 显示分析（Explicit），用于对接触进行控制。最后一项用于设置各种参数，一般情况下使用系统默认值，不需要改变其值。

（5）INTERACTION 步。

INTERACTION 步用于组成物体的各个部分之间的交互。通过 INTERACTION 步可以实现：定义一个模型的各个区域之间或模型的一个区域与其周围区域之间的力学和热学的交互特性，如接触特性，传动特性等。定义一个模型的各个区域之间的关联性。定义一个模型的两个点之间或模型的一个点与地面之间的联结特性，如图 10-18 和图 10-19 所示。

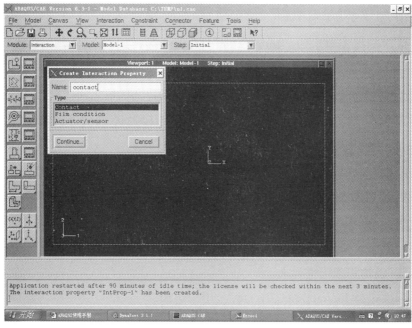

图 10-18 交互命名界面

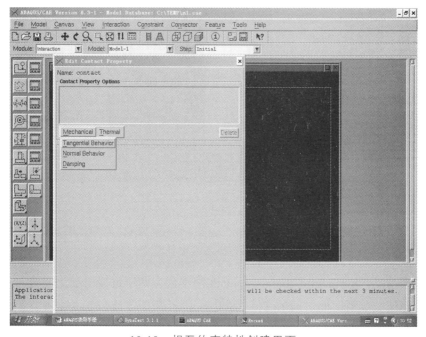

10-19 相互约束特性创建界面

① 定义交互特性。

依次选择菜单里的"Interaction→property→create"。在图 10-19 中，Contact 的选项主要包括：

a. Mechanical 的 Tangential Behavior 用于定义区域之间的摩擦和弹性滑动(系数)；Normal Behavior 用于定义垂直方向的接触状况(硬接触、软接触等)；Damping 用于定义区域之间的阻尼系数(动态)。

b. Thermal 用于定义区域之间的热学交互包括(热传导、放热、热辐射等)；Film Condition 用于定义温度场及其他场的表面散热系数，仅适用于薄膜表面的情况；Actuator/sensor 用于定义区域之间的传动和传感特性。定义完交互特性，下面就要创建交互了。

② 创建相互约束界面。

依次选择 Interaction→Create，如图 10-20。

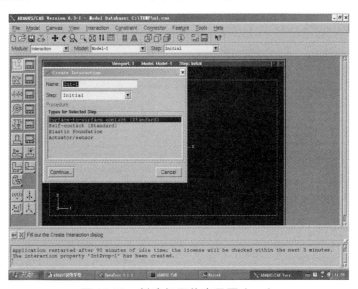

图 10-20　创建相互约束界面〔一〕

界面中，Surface-to-sueface contact 用于创建两个可变形面之间或一个可变形面与一个刚度面之间的交互。Self-contact 用于创建位于一个独立面内的两个不同面积之间的交互。Elastic foundation 是一种便捷的设置交互方式，只能在 initial 步中设定。一旦设定，则在以后的 step 中交互特性均为弹性，而不再需要对其交互细节进行设置，也不需要进行重复设置。如果组成模型的各个部分是紧密相连的，就需要使用 Connector 复选框。Connector 复选框是和 Interaction 复选框并列的，创建方式也与其类似，即先定义联结特性，再创建联结。

图 10-21 界面中的 Constrain 与 Assembly 步中的 Constrain 有所不同，前者限制了模型分析的自由度，而后者仅仅限定了模型中各个部分的相对位置，前者是对后者进一步的限制。Tie 用于定义两个独立面之间的连接，使它们之间没有相对移动。Tie 命令可以使两个区域紧密地融合在一起，甚至可以连接两个网格划分截然不同的区域。Rigid body 通过选定一个参考点和集合中的一个区域，从而限定这个区域与参考点之间的相对位移，但在整个分析过程中，集合中各区域之间的相对位置保持不变。Display Body 这种类型的限制适用于在力学和多体动态问题中刚体之间经由联结(connector)交互的情况。"Coupling" 用于限制一个面相对于一个点的运动。"Equation" 用于对系数和各结点自由度组成的等式进行限制。下面将对边界条件和力进行加载。

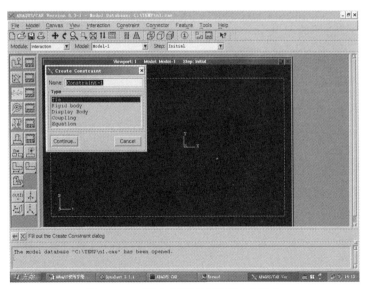

图 10-21　建立相互约束界面（二）

（6）LOAD 步（加载边界条件和力）。

在 initial 步中创建边界条件，如图 10-22 所示。

在 Mechanical 栏中共有七种可供选择的边界条件类型。Symmetry

/Antisymmetry/Encastre 项表示对称、反对称、铰接、固结等四种边界条件的设定情况，根据具体的约束情况进行选择。Displacement/Rotation 的功能与上述命令的功能大致相同，但除了上述功能外，还适用于非对称的情况。例如有些约束只需要限定其中的一个或两个自由度，在这种情况下，就只能使用 Displacement/Rotation 命令。若是要改变约束所在的坐标系统，单击位于 CSYS 右侧的 "EDIT" 按钮，在右下方的 LIST 栏中选择一个预先定义的坐标系，或者直接从 viewpoint 中选择坐标系，坐标系的默认值是 GLOBAL。Velocity/Angular Velocity 用来为定义的区域结点的自由度提供速度或角速度。如果想改变约束所在的坐标系，选择所需要的坐标系。此时在编辑菜单中会出现 Distribution，点击此命令右侧的箭头，就会出现 Uniform 和 User-defined 两个复选项，前者定义了一个均匀分布的边界条件，后者则表示可在用户子程序 DISP 中定义边界条件。Acceleration/Angular Acceleration 用来为选定的区域结点的自由度提供加速度或角加速度。以上三个选项适用于模型各部分之间无联结的情况，而对于各个部分通过铰接，固结等方式连接起来的模型，则需要使用 Connector displacement, Connector Velocity 以及 Connector Acceleration 这三个选项了，其功能与上述三个基本类似。

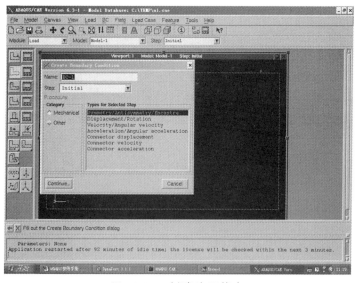

图 10-22　创建边界状态

在平面应力问题中，通过对边界条件的选择，限定了三个结点，如图 10-

23 所示。

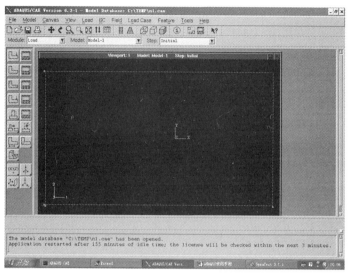

图 10-23　平面应力问题限定三个结点

BC 复选框还可以定义声学、电学等不同形式的边界条件。前面在 initial 步中定义了模型的边界条件，下面将在 step-1 中定义荷载。

Load→Create：在此选项中进行加载，如图 10-24 所示。

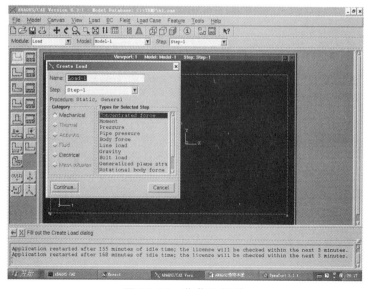

图 10-24　载荷的创建

　　下面介绍几种常用荷载力学加载（Mechanical）。Concentrated force 代表集中力，其表示方法有 CF1、CF2、CF3，分别表示三个方向的力。Moment 代表力矩，其表示方法有 CM1、CM2、CM3，分别表示三个方向的力矩值。Pressure 有两种类型的压力，可以在此后的 Distribution 选项中进行选择。选择项中 Uniform 代表等压力，Hydrostatic 代表静水压力。Pipe Pressure 用于定义管状或肘状模型中的内外压强。在其中还可以定义管的类型（封闭管还是通管），也可以定义压强的类型（等压还是静水压力）。Body force 用于定义单位体积的受力，Line load 用于定义单位长度的受力，Gravity 用于定义一个固定方向的加速度。通过在 Gravity Load 中键入加速度值以及先前所定义区域的材料密度，ABABQUS 可以计算出施加在这个区域中的荷载，用于动态分析。Generalized plane strain load 定义一个轴向荷载，将其应用于具有平面应变区域内的参考点上。在其复选框内，需要选择力的大小、力关于 X 轴的转矩、力关于 Y 轴的转矩，将其应用于参考点。Rotational body force 此项定义一个施加在整个模型上的旋转的体力。

　　在金属板平面应力的例子中使用的是集中力，在"Edit Load"中将"CF1"设置为"6000"，"CF2"设置为"0"，如图 10-25 所示。

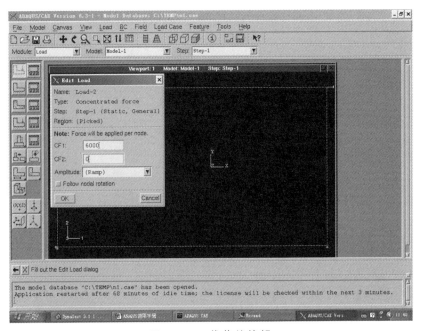

图 10-25　载荷的编辑

"Follow nodal rotation"默认为"toggel off"，因为此时模型为小变形，可以认为力的方向不随模型变形方向的改变而改变。而在大变形中，则不可以忽略这种改变，应选"toggel on"。在 Field 复选框中，点击"Field"后单击"Create"，将出现图 10-26 所示界面。

在 Field 复选框中可以定义两种场变量：速度场和温度场。速度场在起始步中定义，用以定义所选区域的起始速度。温度场在分析步中定义，用以定义所选区域温度场在数值和时间上的变化。ABAQYS 将把所定义的温度场赋给所选的对象。Load case 用于各种不同条件下的加载，多用于动态。

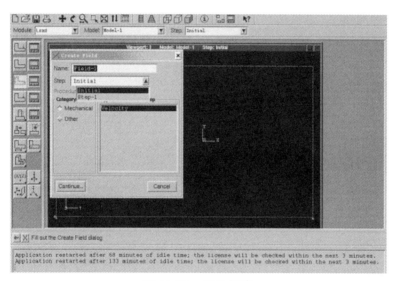

图 10-26　场的创建

（7）MESH 步（网格划分）。

MESH 步可以产生一个集合的网格划分，根据分析的需要，可以对网格划分的方式进行控制，系统会自动产生不同的网格划分。当修改 PART 步和 ASSEMBLY 步中的参数时，系统在此步会自动生成适合于这个模型的网格划分。当然，由于 ABAQUS 在网格划分方面的功能还不够强大，还可以用 Patran 或 Hypermesh 等软件生成网格，然后导入至 CAE 中。

首先利用 Mesh→controls，对网格单元的形状以及网格划分的方式进行定义，如图 10-27 所示。

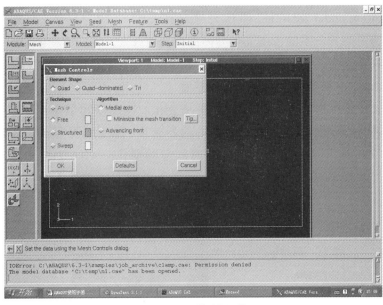

图 10-27 网格划分管理

界面中，"Element shape"的"Quad"表示完全使用四边形网格单元，而不使用任何的三角形单元，此项为系统默认值，如图 10-28 所示。"Quad-dominated"主要使用的是四边形的网格单元，但是在过渡区域允许出现三角形网格单元，如图 10-29 所示。"Tri"完全使用三角形网格单元，而没有四边形单元。

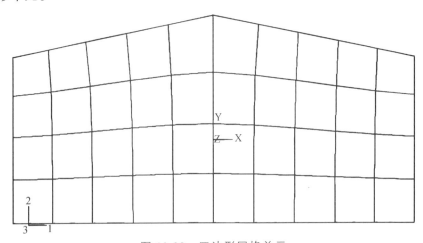

图 10-28 四边形网格单元

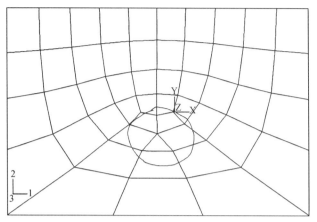

图 10-29　四边形网格单元过渡区出现的三角形网格单元

以上是对平面图形进行网格划分，如果是对立体图形进行网格划分，那么相应的选项"Hex"表示完全使用立方体（六面体）网格单元。选项"Hex-dominated"表示主要使用六面体网格单元，在过渡区域允许使用三棱锥（四面体）网格单元。选项"Tet"表示完全使用三棱锥（四面体）网格单元。

在界面图 10-27 中，"Technique-free"表示自由划分网格，在这种网格生成之前不可能对所划分的网格模式进行预测。这种划分方法具有很强的灵活性，适用于模型区域的结构形态非常复杂的情况。对于二维区域，可以使用三角形、四边形或者二者混合的单元形状；对于三维区域可以使用三棱锥单元。

"Free meshing with quadrilateral and quadrilateral-dominated elements"采用四边形或以四边形为主的单元自由剖分，如图 10-30 所示。

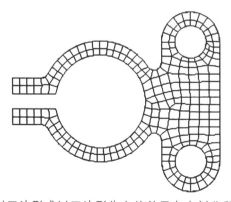

图 10-30　以四边形或以四边形为主的单元自由剖分所画出的网格

在含有四边形单元的剖分方式中，ABAQUS 还提供了复选框即算法复选框，其中有两个选项：

① 中间轴算法。

当使用这种算法的自由剖分方法时，系统先将整个区域分割成规则的网格区域，然后再对更小的部分进行划分。对于虚拟结构（Virtual Topology）和不精确部分（imprecise part），最好不要使用中间轴算法。但是，如果将中间轴算法与固定布种（fixed seed）结合起来时，系统会自动地选择最佳的布种数量和布种的最佳位置。如图 10-31 所示。

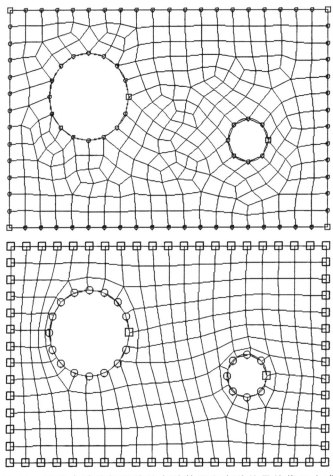

图 10-31　系统自动选择最佳的布种数量和布种的最佳位置生成图

　　需要注意的是，使用中间算法自由剖分时四边形和三角形兼有的网格单元模式与完全四边形网格单元模式实质上是相同的。但是，前者在区域中插入了一些独立的三角形，使之得以与种子更好地匹配，因此，前者比后者能够产生一个更快的网格划分。

　　② 进阶算法。

　　当使用这种算法的自由网格剖分时，系统首先在区域的边界上产生了四边形的网格单元，然后逐步在区域内部产生四边形网格单元，使之真正地与网格种子相匹配，如图 10-32 所示。

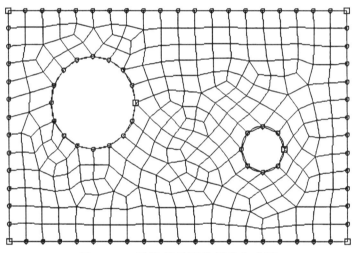

图 10-32　进阶算法网格划分生成图

　　Advancing front 选项的优点在于它能够实现网格的过渡。但是在较窄区域内匹配每粒种子会影响网格划分质量。相对于中间轴算法而言，进阶算法适用于具有不精确部分（对于一个被导入的模型部分，如果必须使用一个更宽松的公差才能在 CAE 创建一个与这个模型部分相似的模型的话，那么这个被导入的模型部分就被认为是不精确的）和虚拟结构（忽略了小边，小面等不重要部分的结构）的模型。

　　当使用中间轴算法进行自由剖分时，通过系统默认，ABASQUS 使得网格的过度最小化，网格过度的最小化可以更快地生成更好的网格。然而，这种方法生成的结点很容易偏离种子。图 10-33 列举了使用和不使用网格过度最小化的中间轴算法以及使用进阶算法所构筑的网格划分的不同。

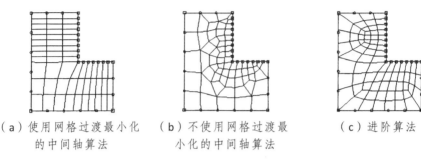

（a）使用网格过渡最小化 　（b）不使用网格过渡最　　　（c）进阶算法
　　的中间轴算法　　　　　　　小化的中间轴算法

图 10-33　中间轴算法和进阶算法对比图（一）

中间轴算法首先把将被网格划分的区域分解成一组更简单的区域。然后使用结构化划分方法，将单元充填至这些简单区域中。如果被网格划分的区域相对简单，并且包含了很大数目的单元，那么这种算法所用的时间要少于进阶算法。使用中间轴算法下属的 minimize the mesh transition 选项(即网格过渡最小化)可以提高网格质量，但这个选项只用于四边形单元网格划分。进阶算法首先在区域的外边界部分生成四边形单元，然后四边形单元在随着由区域表面向区域内部逐步移动中继续被生成。对于主导四边形网格而言，系统的默认值为进阶算法。用进阶算法所产生的主导四边形网格都可以很好地与种子相匹配。进阶算法支持虚拟结构和不精确模型，而中间轴算法则不支持。下面是用两种算法的四边形主导单元进行的网格划分的例子，如图 10-34。

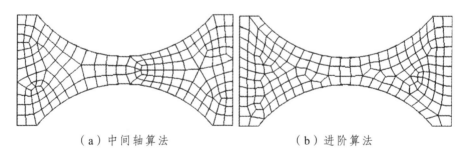

（a）中间轴算法　　　　　　　　　　（b）进阶算法

图 10-34　中间轴算法和进阶算法网格划分生成图（二）

从图 10-35 中可以看出，两种算法产生的网格都令人满意。如图 10-35 由于进阶算法所产生的元素总是与种子相对应，因此在右侧边缘位置导致较窄区域的网格元素产生了歪斜。

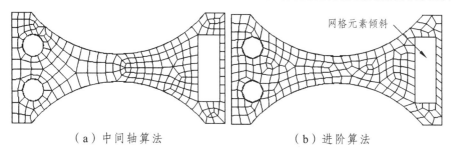

（a）中间轴算法 （b）进阶算法

图 10-35 中间轴算法和进阶算法网格划分生成图（三）

如图 10-36 所示，可以看出进阶算法更能够产生具有统一面比率的均匀的单元尺寸。均匀的单元尺寸在分析中会扮演很重要的角色。如果在 ABAQUS/Explicit 中创建了一个网格，网格中的小单元会限制时间的步长。除此之外，如果必须要求单元和结点对应，那么优先选择进阶算法。

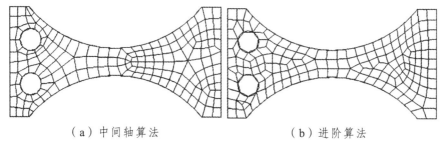

（a）中间轴算法 （b）进阶算法

图 10-36 中间轴算法和进阶算法网格划分生成图（四）

下面介绍使用三角单元进行自由网格划分。Free meshing with triangular and tetrahedral elements 用于三角或三棱锥网格单元进行网格划分。它使用于任何平面或曲面，模型可以是精确和不精确的。三角单元的自由划分可以处理变动很大的单元尺寸，这对已经划分完毕的模型中的某一部分进行细化时非常有用。系统计算时间随着单元和结点数量的增加而线性增长。三角单元的一个自由划分图 10-37 所示。

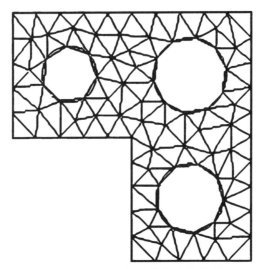

图 10-37   三角单元的自由划分图

三角单元的自由网格划分几乎可以应用于任何三维的区域。图 10-38 显示了一个三棱锥网格划分的例子。

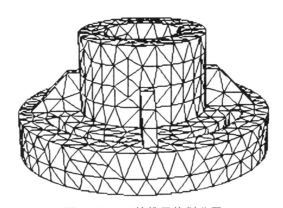

图 10-38   三棱锥网格划分图

对于形状较复杂的模型，在应用三角单元自由剖分时，应该先用 Query 中的 Geometry Diagnostics 检查部分或集合的几何状况，以确保固体内没有自由边、短边、小平面等。实体的三角单元的网格自由划分步骤，首先在固体区域的外表面生成三角形的边界网格，然后使用三角形生成三棱锥网格作为外部的三棱锥单元的面；如果模型是复杂的，那么生成三棱锥网格是很耗时的。为了节约时间，可以在网格划分的第一阶段查看边界面上的三角形单元，如果看起来可以接受则继续对区域内部进行剖分，如果不行则试着设定更细的种子。若划分失败，系统会突出显示网格划分失败边界上的面。失败的原因经常是因为种子分布太疏或者种子赋给了微小的边和面。如果微小的边或面使得系统不能产生一个令人满意的四面体网格，可以使用修理工具去除多余的边或点，也可以去除面或空隙处的缝。

在图 10-27 中，Technique-Structured 选项用于结构化网格划分方法。结构化网格划分方法适用于被赋予了四边形或主导四边形单元的二维区域以及赋予了立方体或主导立方体单元的三维区域。图 10-39 说明了三角形、正方形和五边形的网状模块是如何被应用到更加复杂形状的。所谓更加复杂的形状是指由这些平面的三角形、正方形、五角形经过变形或弯曲后所相应形成的弯曲的三边形、四边形和五边形，如图 10-39 所示。

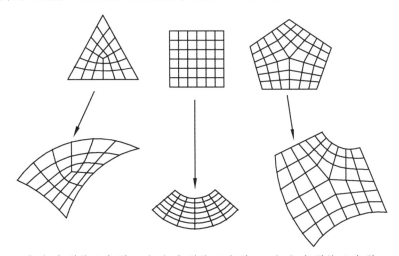

（a）变形的三角形　（b）变形的四边形　（c）变形的五边形

图 10-39　图形变形和扭曲

如果使用其他的网格划分方法，那么网格边界的结点总是位于模型几何区域的表面上。然而，当使用结构化网格划分方法创建网格的时候，网格内部的结点有可能游离于模型的几何区域之外，从而导致一个扭曲、无效的网格，这个问题一般发生在具有凹特性的曲面上。图 10-40 所示是一个五边形的平面结构，如果使用结构化网格划分方法，那么四边形网格元素将被均匀地分布其中，从而形成了一个网格划分规则的五边形区域。

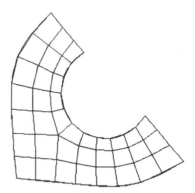

图 10-40　四边形网格元素均匀分布在五边形区域

下面介绍二维和三维结构化网格划分。具有图 10-41 所示特征的二维区域才可以进行结构化网格划分，即区域内没有孔洞、孤立的边或者是孤立的点。

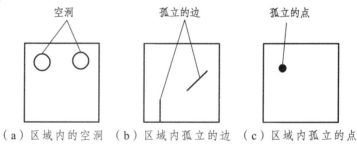

（a）区域内的空洞　（b）区域内孤立的边　（c）区域内孤立的点

图 10-41　二维区域图

模型区域由 3 条~5 条逻辑边组成，每条边之间相互连接，可以把近乎直线的两条边看作是一条逻辑边，如图 10-42 所示，红线所示的两条边均可以看作是一条逻辑边。

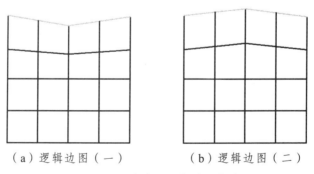

（a）逻辑边图（一）　　　（b）逻辑边图（二）

图 10-42　区域内的逻辑边（红色）

　　一般来讲，在三种划分方法中，结构化划分方法能够最好地对 CAE 所产生的网格进行控制。如果采用完全四边形元素对一个四条边区域进行网格划分，那么网格单元的边在边界上必须分布均匀。对于三边形或五边形区域，限制条件将会更加复杂。当使用结构化划分时，系统会考虑种子分布（所谓的种子分布是指种子的空间排布，与种子的数量无关。比如说，种子的分布是沿着一条边均匀地排列还是在这条边的末端更加集中一些）。不过，在两个区域过渡的地方网格必须协调，如两个相邻的区域分别用结构化和自由网格划分，系统就可能调节网格区域的结点以使得过渡区域的网格划分协调，这可能使得实际的元素结点不相互匹配。

　　当采用结构化主导四边形元素划分一个四边形区域时，系统会插入一个单独的三角形，由此产生的网格很好地与种子相匹配，如图 10-43 所示。

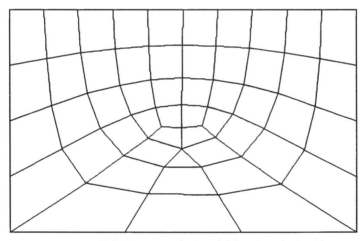

图 10-43　结构化主导四边形元素划分的四边形区域

　　然而，当用结构化主导四边形元素划分三边或五边形区域时，系统将不会插入任何三角形，由此产生的网格全部都是四边形元素，而且网格也可能与种子不匹配。如果两条边所成的角度很小，系统会自动将这两条边看作成一条逻辑边。因此，对于一个五边形区域而言，可以应用一个四边形的网格划分模式，如图 10-44 所示。

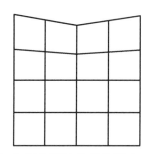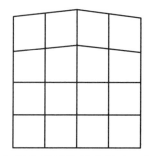

（a）四边形网格划分图（一）（b）四边形网格划分图（二）

图 10-44　四边形网格划分图

如果采用结构化四边形元素对一个区域进行网格划分，那么这个区域必须要有比较规则的形状，否则系统将会生成一个无效的网格。图 10-45 所示的网格是无效网格。

如果图 10-45 所示网格中包含无效元素，纠正的方法主要包括：

① 调整网格种子的位置；

② 利用 Redefine the region corners 命令；

③ 将区域分割为更小且形状更规则的区域。

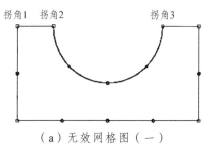

（a）无效网格图（一）　　　　　（b）无效网格图（二）

图 10-45　无效网格图

运用这三种方法所得的结果如图 10-46 所示。

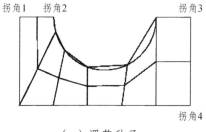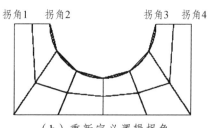

（a）调整种子　　　　　　　　（b）重新定义逻辑拐角

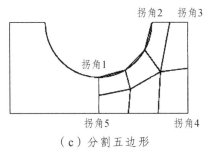

（c）分割五边形

图 10-46　无效元素的校正图

图 10-47 显示了能够直接用结构化网格划分方法划分的简单三维图形。

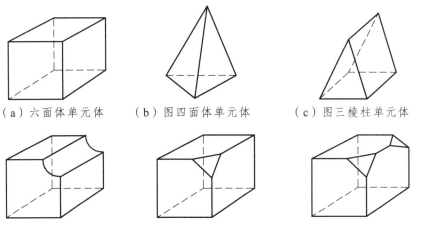

（a）六面体单元体　　　（b）图四面体单元体　　　（c）图三棱柱单元体

（d）图有洞的六面体单元体　（f）图缺角的六面体单元体　（g）图缺两角的六面体单元体

图 10-47　三维图形

　　如果要使用结构化网格划分方法划分更复杂区域，可能需要进行人工分割。如果要成功使用结构化网格划分方法划分一个三维区域，必须具备下面的特征：

　　① 在区域内不能够有任何孔洞、孤立的面、孤立的边或者是孤立的顶点，如图 10-48 所示。

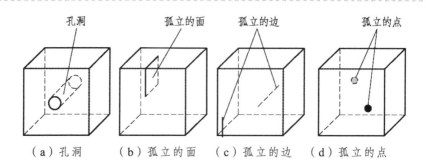

图 10-48   三维区域

对于孔洞问题,可以通过对孔洞进行分割以达到消除孔洞的目的。图 10-49 所示为将一个具有孔洞的区域转变成了四个不包含孔洞的区域。

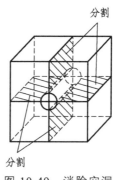

图 10-49   消除空洞

② 面和边上的弧度值应该小于 90 度,或者至少避免在面和边上出现凹面或凹度。如图 10-50 所示,将一个 180 度的凹面分割成了两个 90 度的凹面。

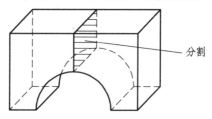

图 10-50   将一个 180 度的凹面分割成了两个 90 度的凹面

③ 三维物体的所有的面必须保证可以用二维结构化网格划分方法来进行划分。图 10-51 所示模型的两个半圆形末端在分割前各有两条边,如果将这个模型分成两半,那么末端的两个半圆就被分解成了四个具有三条边的面。

注意结构化网格划分方法只适用于具有三条或三条以上边的面。

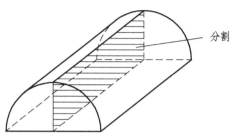

图 10-51　末端的两个半圆就被分解成了四个具有三条边的面

④保证区域的每个顶点有三条边汇合才可以使用结构化网格划分方法。图 10-52 所示为棱锥分割前顶点处有四条边交会，如果将这个棱锥分割成两个四面体，那么每个四面体的顶点处仅仅就有三条边连接，就可以进行结构化划分了。

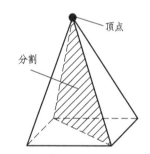

图 10-52　棱锥分割成两个四面体

⑤ 三维区域必须至少有四个面，如四面体区域。如果一个区域少于四个面，就应该分割这个区域以产生更多的面。

⑥ 面之间所成的角度要尽可能接近 90 度；如果面之间的角度大于 150 度，那么就应该进行分割。

⑦ 构成区域的面中，side 指大面，face 指大面中包含的小面，面必须符合的要求主要包括：

a. 如果三维区域不是立方体的话，side 只能对应于一个 face，即 side 不能够包含多个 face。

b. 如果三维区域是一个立方体，side 就可以由多个相同几何形状的 face 组成。然而，其中的每个 face 必须有四条边。除此以外，face 必须满足沿着 face 的立方体元素呈现出规则的网格形状。

如图 10-53 所示，图 10-53（a）是一个符合要求的 face 模式，而图 10-53（b）则不符合要求。

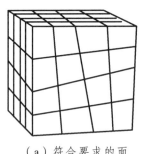

（a）符合要求的面　　　　　（b）不符合要求的面

图 10-53　立方体网格划分

图 10-53 使用结构化网格划分立方体所生成的网格，结果生成了规则的网格模式，在被划分的 side 上行和列的结点排列很连贯。

在图 10-27 中，Technique-Sweep 为扫描式网格划分，这种类型的网格划分一般用于划分复杂的挤压件或者是旋转体，这种网格划分大概分为两步：

第一步，系统在区域的一个面上生成网格，这个面叫作起始面。

第二步，系统自动拷贝这个面网格上的结点，依次前进一个元素层，直到达到最后一个面，即目标面为止。

由于系统可以沿着连接起始边和目标边的直边拷贝生成网格，所以这种方法叫作扩展式扫描网格划分。另外，系统还可以沿着连接起始边和目标边的圆弧边拷贝生成网格，这种方法叫作旋转式扫描网格划分。

图 10-54 显示了一个扩展式扫描网格划分。系统首先在起始面上生成了一个二维网格，然后沿着直边逐层（每层为一个单位网格）拷贝二维网格的每个结点，直到到达目标边为止。

为了确定一个区域是否可以使用扫描式网格划分，首先要检测这个区域是否可以沿着从起始边到目标边的直边或圆弧边进行复制，这叫作扫描路径。扫描路径必须是直边或圆弧边；不可以是任意曲线，系统自动选择最复杂的面作为起始面。但是起始面和目标面不可以人为选择，只能选择扫描路径。

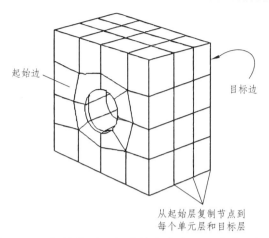

起始边
目标边
从起始层复制节点到
每个单元层和目标层

图 10-54　起始边到目标边的直边或圆弧边进行复制

上面对扫描式网格划分进行了介绍，下面介绍一下扫描式网格划分的应用：

① 面扫描式网格划分（Swept meshing of surfaces）。

面扫描式网格划分，系统从起始面开始复制，沿着一个直边、曲边或圆弧边直至到达目标面的方法扫描划分面区域。面扫描式网格划分可以应用于那些旋转度没有达到 360 度的弧面，如图 10-55 所示。系统首先利用网格划分起始面（此处为一条边），然后绕旋转轴旋转网格来达到网格划分面区域。使用四边形或者主导四边形元素将扫描式网格划分方法应用于面区域。然而，当起始边与旋转轴有一个交点时就必须使用主导四边形元素，因为网格划分时在交点处会产生一层三角形元素。图 10-56 中，起始边在模型的顶部与旋转轴相交。除了球面以外，系统不能够生成一个与旋转轴有两个交点的旋转面网格划分。

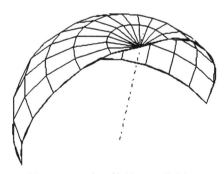

图 10-55　球面旋转面网格划分

② 体扫描式网格划分（Swept meshing of three-dimensional solids）。

在体扫描式网格划分方式中，系统通过从起始面开始复制，沿着一个直边或者圆弧边直至到达目标面的方法扫描划分面区域。在起始面到目标面扫描的过程中，扫描区域的横截面必须保持不变以及为一个平面。如果能够沿着直边扫描起始面，系统便生成了扩展式扫描网格。图 10-56 显示了系统网格划分起始面，以及沿着直边向目标边扩展。

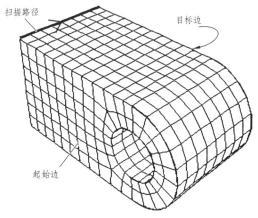

图 10-56　网格划分起始面沿着直边向目标边扩展方法

如果起始面能够沿着圆弧边扫描，系统就可以生成一个旋转式扫描划分。图 10-57 解释了系统对起始面进行网格划分以及沿着圆弧边对网格进行旋转以达到目标边。

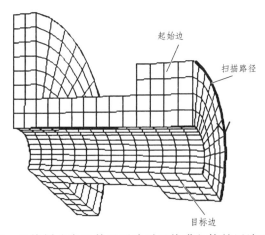

图 10-57　网格划分中沿着圆弧边对网格进行旋转以达到目标边

对于已经赋予了六面体或主导六面体元素的区域，系统能够生成扫描式网格。如果六面体元素应用到这个区域，那么系统就会首先使用具有四边形元素的自由网格划分方法在起始面上初步生成二维网格。作为结果，最后生成的三维网格中就可能会包含一列楔形元素。应用三维扫描式网格划分收到的限制主要包括：

① 连接起始面和目标面的每一个 side（大面）只能包含一个 face（小面），且不能够有孤立的边或点。图 10-58 所示为不可以用扫描式网格划分方法进行划分，因为连接面（side）上显然有两个小面（face）。

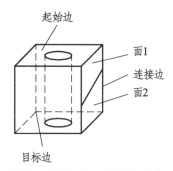

图 10-58　　不可以用扫描式网格划分方法进行划分

② 目标面必须仅包含一个小面(face)且没有孤立的边或点，但对起始面没有这种要求。图 10-59 左边的区域能够使用扫描式网格划分，因为所有孤立的边都在起始面上。然而，右边的区域不能够使用扫描式网格划分，因为目标面包含有两个小(face)。

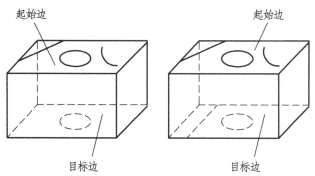

（a）能够使用扫描式网格划分　　（b）不能够使用扫描式网格划分

图 10-59　　扫描式网格划分

③　从起始面到目标面，被扫描区域的横截面要保持不变，且要是平面。如果起始面或目标面不是平面，可能就要将其分割成可以用结构化划分方法划分的区域，如图 10-60 所示。

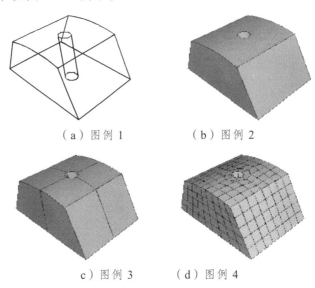

（a）图例 1　　　　　（b）图例 2

c）图例 3　　　（d）图例 4

图 10-60　分割成可以用结构化划分方法划分的区域

④　如果扫描路径不是直的或者圆弧的,那么实体部分就不可以被扫描网格划分。此外，如果扫描路径由多条边组成，也不可以使用扫描式网格划分。然而，如果能够将区域分割成一系列拥有直边或圆弧边的单元，那么扫描式网格划分可能会被应用于划分整个区域。图 10-61 显示了一个不能够被网格划分的区域，因为其扫描路径由一组均匀的边组成。经过 6 次分割，该部件被分割成了 7 个单元，并且每个单元的扫描路径都是直边或者圆弧边，这样部件就可以被扫描划分了。

将物体拆分为七个扫描区域这样每个扫描区域
在其扫描路径上都有一个简单的边界

图 10-61　单元分割图

⑤ 对于一个旋转体区域,如果其轮廓与旋转轴交于一个或者是更多的点,那么就不可被扫描划分,如图 10-62 所示。

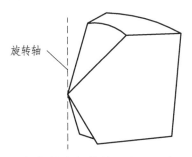

图 10-62　扫描轮廓与旋转轴交于一个点的情况

类似地,如果被划分区域的一条或者是更多的边位于旋转轴上,那么系统也不能够用六面体元素扫描划分这个区域,如图 10-63 所示。

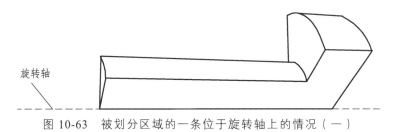

图 10-63　被划分区域的一条位于旋转轴上的情况(一)

对于上述情况,系统可以通过产生轴向的三角形棱柱元素,然后再使用主导六面体元素网格划分这个区域,如图 10-64 所示。

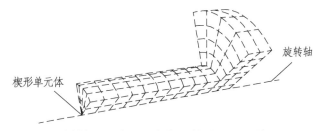

图 10-64　被划分区域的一条位于旋转轴上的情况(二)

所以,在划分此类区域时需要选择主导六面体元素,或者将这个区域分割成简单的结构化网格区域,然后再利用完全六面体元素去生成网格。

网格元素类型设置。利用 Mesh→Element Type 选择元素的类型及其子选项,如图 10-65 所示。

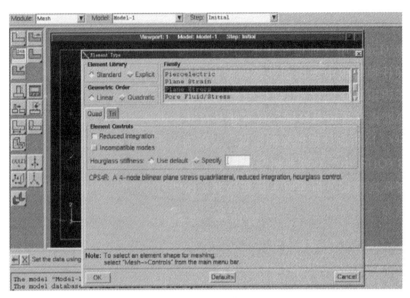

图 10-65   单元体种类选择界面

用于元素控制的四种基本类型主要包括：

① 完全积分（Full Integration）。

完全积分是指当单元具有规则形状时所用的高斯积分点可以对单元刚度矩阵中的多项式进行精确积分。线性单元如果要完全积分，则在每个方向需要两个积分点，而二次单元如果要完全积分则在每一方向需要三个积分点，如图 10-66 所示。

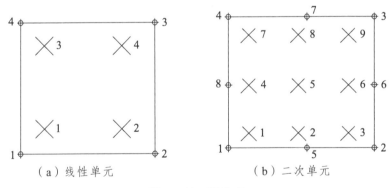

（a）线性单元   （b）二次单元

图 10-66   积分点

只有在模型中载荷产生小位移时才可采用完全积分线性单元，而如果无法确定载荷产生的位移类型时则应采用不同的单元类型。在复杂的应力状态下，完全积分二次单元也可能发生。因此，如果在模型中有此单元，则应仔细检查计算结果。对于模拟局部应力集中区域，完全积分线性单元将是非常有用的。

②　减缩积分（Reduced integration）。

只有四边形单元和六面体单元才能采用减缩积分，而所有的楔形、四面体和三角形实体单元采用完全积分。减缩积分单元比完全积分单元在每个方向上少用一个积分点。减缩积分线性单元只在单元中心有一个积分点。对于减缩积分四边形单元，其积分点的位置如图 10-67 所示。

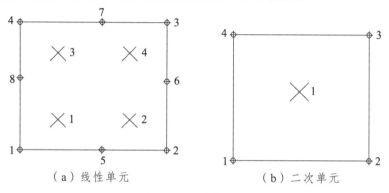

（a）线性单元　　　　　　　　　　（b）二次单元

图 10-67　减缩积分

线性减缩积分单元由于存在沙漏（Hourglassing）数值问题而过于柔软。在 ABAQUS 中，对减缩积分单元引入少量的人工"沙漏刚度"（Hourglass stiffness）以限制沙漏模式的扩展。当模型中应用更多的单元时，这种刚度在限制沙漏模式是更有效的，这意味着只有采用合理的细网格线性减缩积分单元才会给出理想的结果。线性减缩积分单元对变形的要求不严格，可在变形较大的任何模拟中采用划分较细的单元，二次减缩单元也有沙漏模式。但是在正常的网格中这种模式几乎不可能扩展，并且在网格足够细时很少成为问题。

③　非协调单元（Incompatible modes）。

非协调单元可以用来克服完全积分一阶单元的剪力自锁问题，剪力自锁是由于单元的位移场不能模拟与弯曲相联系的运动学现象而引起的，可把能够增强单元位移梯度的附加自由度引入到一阶单元。在弯曲问题中，采用非协调单元可得到与二次单元相当的结果，且计算费用明显降低。非协调单元之所以有效，是因为花费较小但可以得到较高的精度。必须注意保证单元扭曲是非常小的，然而当网格较复杂时这一点是很难保证，因此应用减缩积分二次单元时应该考虑它对网格扭曲的不太敏感性。

④ 杂交单元（Hybrid formulation）。

对于 ABAQUS 的每一个实体单元，如所有减缩积分单元和非协调单元都可得到一个杂交单元形式。当材料是不可压缩的（泊松比=0.5）或非常接近于不可压缩（泊松比 > 0.495）时，采用杂交单元。

在模拟计算中，要以合理的费用达到精确的结果，正确选择单元非常关键。如果不需要模拟非常大的应变或进行一个复杂的、改变接触条件的问题，应采用二次减缩积分单元。如果存在应力集中，则应在局部采用二次完全积分单元。对含有非常大的网格扭曲模拟（如大应变分析），采用细网格划分的线性减缩积分单元。对接触问题采用线性减缩积分单元或非协调单元的细网格划分。如果在模型中采用非协调单元，应使网格扭曲减至最小。三维情况应尽可能采用块状单元（六面体）。当几何形状复杂时，完全采用块状单元构造网格会很困难。因此可能有必要采用楔形和四面体单元。

（8）JOB 步。

创建一个工作步，如图 10-68 所示。

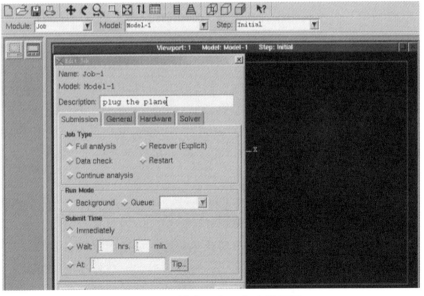

图 10-68　创建一个工作步界面图

传输数据，用以生成 INPUT 文件，如图 10-69 所示。

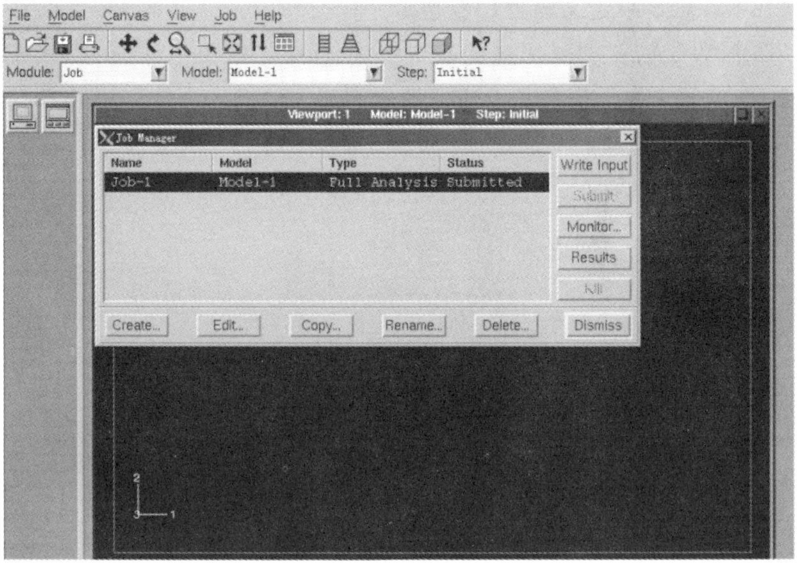

图 10-69　传输数据界面

数据传输完毕后，点"Results"进入文件的后处理，即"ABAQUS/ viewer"
界面，如图 10-70 所示。

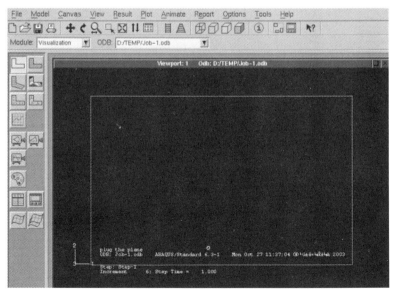

图 10-70　　ABAQUS/viewer 界面

　　viewport 界面左端的工具栏可以用来展示各种视图。TOOL 下拉菜单用来输出在 STEP 步中定义的各种数据。

　　本章简单介绍了 ABAQUS 的基本用法，如果了解更加详细的 ABAQUS，请参阅 ABAQUS 的各种参考手册及理论手册。

参考文献

[1] HOWARD H. CADY，ALLEN. C. LARSON. The Crystal Structure of 1,3,5-Triamino-2, 4,6-Trinitrobenzene[J]. Acta Cryst，1965，18(3):485-496.

[2] 董海山,周芬芬.高能炸药及相关物性能[M].北京：科学出版社，1989.

[3] SHARMA J.,GARRETT W. L.,OWENS F. J.,et al.X-ray Photoelectron Study of Electronic Structure and Ultraviolet and Isothermal Decomposition of 1,3,5-Triamino-2,4,6-trinitrobenzene[J].J.Phys.Chem.，1982，86(9):1657-1661.

[4] YINGZHE LIU,TAO YU,WEIPENG LAI,et al.High-Energetic and Low-Sensitive 1, 3, 5-Triamino 2, 4, 6-Trinitrobenzene (TATB) Crystal: First Principles Investigation and Hirshfeld Surface Analysis[J].New Journal of Chemistry, 2021, 45(13): 6136-6143.

[5] ANA RACOVEANU, KEITH R. COFFEE, ADELE F. PANASCI-NOTT,et al.Syntheses and characterization of isotopically labeled 1,3,5-triamino-2,4, 6-trinitrobenzene(TATB)[J].Propellants,Explosives,Pyrotechnics,2024,49(2): e202300185.

[6] CHUNJIE ZUO,CHAOYANG ZHANG.1,3,5-Triamino-2,4,6-Trinitrobenzene (TATB):Enlightening the Way to Create New Low-Sensitivity and High-Energy Materials from a Viewpoint of Multiscale[J].Chemical Engineering Journal, 2024, 490: 151737.

[7] KEITH D. MORRISON, ANA RACOVEANU, JASON S. MOORE, et al. New Thermal Decomposition Pathway for TATB[J]. Scientific Reports, 2023, 13(1):

21256.

[8] CADY W. E., CALEY L. E. .PROPERTILES OF Kel F-800 POLYMER[M]. Lawrence Livermore, UCRL-52301, 1977.

[9] 曹欣茂. 塑料粘结炸药脱粘的研究[J]. 现代兵器, 1993, 1(3):41-42.

[10] JOHN R. Kolb, RIZZO H.F..Growth of 1,3,5-Triamino -2,4,6-Trinitrobenzene (TATB) I.Anisotropic Thermal Expansion[J]. Propellants Explosives Pyrotechnics, 1979, 4(1):10-16.

[11] BEMM U., ÖSTMARK H.. 1,1-Diamino-2,2-Dinitroethylene: A Novel Energetic Material with Infinite Layers in Two Dimension[J].Acta Crystallographica Section C, 1998, 54(12):1997-1999.

[12] LATYPOV N. V. , BERGMAN J. , LANGLET A., et al. Synthesis and Reactions of 1,1-Diamino-2,2-Dinitroethylene[J].Tetrahedron,1998,54(38): 11525-11536.

[13] 何冠松, 林聪妹, 刘佳辉, 等. TATB 基 PBX 界面粘结改善研究进展[J]. 含能材料, 2016, 24(3): 306-314.

[14] BRIGITTA M. DOBRATZ.The Insensitive High Explosive Triaminotrinitrobenzene (TATB)：Development and Characterization-1888 to 1994[M]. LOS Alamos, LA-13014-H, 1995.

[15] J. S. Hallam.TATB Formulation Study[D].Lawrence Livermore Laboratory, UCID-17087,1976.

[16] HUMPHREY J. R. , RIZZO H.F..New TATB Plasitc-Bonded-Explosive[R]. Lawrrence Livemore Laboratory. Report Preprint UCRL-82657 Revision, 1979.

[17] Osborn A G,Stallings T L,Johnson H D.TATB PBX formulation (evaluation of Holston process)[R]. Mason and Hanger-Silas Mason Co., Inc., Amarillo, TX (United States), 1977.

[18] NAVYUS. Plastic-Bonded Explosive Compositions and the Preparation

Thereof[P]. US.USD3728170. 1973-04-17.

[19] 罗世凯.PBX 氟聚合物黏结剂的辐射效应研究[D]. 北京：中国工程物理研究院，2002.

[20] JI-ZHONG Zhang,XIAO-JUN Yu,HENG-DE LI,et al.Surface Modification of Polytetrafluoroethylene by Nitrogen Ion Implantation[J]. Applied Surface Science, 2002, 185(3-4):255-261.

[21] 刘学恕,金杰.低温等离子体对 F24 表面处理的研究[J].化学与粘合, 1995, (1): 1-5.

[22] 詹瑞云,刘桂珍,刘学恕,等.聚偏氟乙烯的等离子体处理和 ESR 研究[J]. 波谱学杂志, 1994, 11(2): 127-132.

[23] 刘学恕,姚耀广,金杰,等.低温等离子体对聚偏氟乙烯表面处理的研究[J]. 粘接,1992, 13(2): 15-20.

[24] 王晓川,黄辉,聂福德. TATB 粒子表面改性研究[J].火炸药学报, 2001, 24(1):33-35.

[25] THE UNITED STATES OF AMERICA AS REPRESENTED BY THE UNITED STATES ENERGY RESEARCH AND DEVELOPMENT ADMINISTRATION. Insensitive Explosive Composition of Halogenated Copolymer and Triaminotrinitrobenzene[P]. US.US3985595A, 1976-10-12.

[26] THE UNITED STATES OF AMERICA AS REPRESENTED BY THE SECRETARY OF THE NAVY. Bonding Agent for Nitroamines in Rocket Propellacts[P]. US.US4389263A, 1983-06-21.

[27] THE UNITED STATES OF AMERICA AS REPRESENTED BY THE SECRETARY OF THE NAVY. Bonding Agent for HMX (Cyclotetromethylenetetranitramine)[P]. US. US4350542A, 1982-09-21.

[28] 黄辉,王晓川.偶联剂在 HMX 基浇注固化炸药中的作用[J]. 含能材料, 2000, 8(1): 13-17.

[29] 姬广富,罗顺火,廖鸿铭,等. -(2, 3-环氧丙基)氧化丙基三甲氧基硅烷与 TATB 的界面作用[J]. 含能材料, 1995, 3(4): 35-38.

[30] 刘永刚,雷延茹,余雪江,等. TATB/氟聚合物塑料粘结炸药的表(界)面特性研究[J]. 粘接, 2003, 24(4): 6-9.

[31] 刘学涌,常昆,王蔺,等.偶联剂对 TATB 造型粉表面性质及力学性能的影响[J]. 合成化学, 2003, 11(5): 413-416.

[32] 曹阳, 聂福德, 李越生.TATB 基 PBX 复合材料的微观结构分析[J]. 火炸药学报, 2004, 27(3): 58-61.

[33] 李玉斌, 聂福德, 孙杰, 等.PBX 药柱的不可逆长大对 TATB/粘结剂界面粘结性能的影响[J].火炸药学报, 2001, 24(4): 15-16.

[34] Demol G, Lambert P, Trumel H. A study of the Microstructure of Pressed TATB and Its Evolution after Several Kinds of Insults[C].Paper Summaries-Eleventh International Detonation Symposium. Snowmass. 1998,404-406.

[35] Peterson P D, Mang J T, Son S F, et al. Microstructural characterization of energetic materials[C]. Proceedings of the 29th International Pyrotechnics Seminar, Westminster, Colorado. 2002,569-581.

[36] P. S. Wang, Surface characterization of TATB by XPS and FT-NMR[J]. Materials Science, 1989, 24(5):1533-1538.

[37] 宋华杰,董海山,郝莹, 等. 氟聚物与 TATB 界面作用的 XPS 评价[J]. 南京理工大学学报(自然科学版), 2002, 26(03):303-307.

[38] 宋华杰, 董海山, 郝莹.TATB、HMX 与氟聚合物的表面能研究[J]. 含能材料, 2000, 8(03):104-107.

[39] 张鹏, 白树林, 周文灵. 一种高分子粘结炸药代用材料的微观结构及损伤演化的研究[J]. 高压物理学报, 2003, 17(04):319-325.

[40] 李玉斌, 沈明, 李敬明.TATB 颗粒填充高聚物材料的热膨胀特性[J]. 含能材料, 2003, 11(01):24-27.

[41] CARY B. Skidmore, THOMAS A. Butler, CYNTHIA W. Sandoval. The Elusive Coefficients of Thermal Expansion in PBX 9502[M]. Los Alamos National Laboratory, LA-14003, 2003.

[42] CAMPBELL M. S., IDARD D., GARCIA D.. Effects of Temperature and Pressure on the Glass Transitions of Plasitc Bonded Explosives[J]. Thermochimica Acta, 2000, 357:89-95.

[43] G. Kaplan.Theory of Molecular Interactions[M]. Amsterdam:Elsevier, New York, 1986.

[44] Y. B. Sun, J. M. Hui, X. M. Cao. Military mexed explosives[M]. Beijing: Ordnance industry press, 1995.

[45] HE-MING XIAO, JIN-SHAN LI, HAI-SHAN DONG. A Quantum-Chemical Study of PBX:Intermolecular Interactions of TATB with CH2F2 and With Linear Fluorine-Containing Polymers[J]. Journal of Physical Organic Chemistry, 2001, 14(9):644-649.

[46] S. Cumming, G. A. Leiper, E. Robson, 24th international annual conference of ICT[C]. Karbsrude Gerrnany, 1993.

[47] XIU-FANG MA, FEN ZHAO, GUANG-FU JI, et al.. Computational Study of Structure and Performance of Four Constituents HMX-Based Composite Material [J].Journal of Molecular Structure:THEOCHEM, 2008, 851(1-3):22-29.

[48] XAIO-JUAN XU, HE-MING XIAO, JI-JUN XIAO, et al.. Molecular Dynamics Simulations for Pure ε-CL-20 and e-CL-20 Based PBXs[J]. The Journal of Physical Chemistry B, 2006, 110(14):7203-7207.

[49] LI JINSHAN, XIAO HEMING, DONG HAISHAN, et al.. Basic Research for the Formulation Design of Mixed Explosives: Calculations of Intermolecular Interactions[C]. 26th International Pyrotechnics Seminar, NanJing, 1999,

238-245.

[50] LI JINSHAN, DONG HAISHAN, XIAO HEMING, Theoretical Study on Intermolecular Interaction of Epoxyethane Dimer[J]. International Journal of Quantum Chemistry, 2000, 78(2):94-98.

[51] LI JINSHAN, XIAO HEMING, DONG HAISHAN. A Study on the Intermolecular Interaction of Energetic System-Mixtures Containing -CNO2 and -NH2 Groups[J]. Propellants, Explosives, Pyrotechnics, 2000, 25(1):26-30.

[52] HOOGERBRUGGE P. J., KOLEMAN J. M. V. A..Simulating Microscopic Hydrodynamics Phenomena with Dissipative Particle Dynamics[J]. Europhysics Letters, 1992, 19(3):155-160.

[53] J. M. V. A. Koleman, P. J. Hoogerbrugge, Dynamic Simulations of Hard-Sphere Suspenisons Under Steady Shear [J].Europhysics Letters, 1993, 21(3):363-368.

[54] R. D. Groot, T. Madden, Dynamic Simulation of Diblock Copolymer Microphase Seperation [J]. The Journal of Chemical Physis, 1998, 108(20):8713-8724.

[55] J. A. Elliott, A. H. Windle, A Dissipative Particle Dynamics Method for Modeling the Geometrical Packing of Filler Particles in Polymer Composites[J]. The Journal of Chemical Physics, 2000, 113(22):10367-10376.

[56] HU-JUN QIAN, ZHONG-YUAN LU, LI-JUN CHEN, et al.. Dissipative Particle Dynamics Study on the Interfaces in Incompatible A/B Homopolymer Blends and with Their Block Copolymers[J]. The Journal of Chemical Physics, 2005, 122(18):184907-184908.

[57] HU-JUN QIAN, ZHONG-YUAN LU, LI-JUN CHEN, et. al..Computer Simulation of Cyclic Block Copolymer Microphase Separation[J].

Macromolecules，2005，38(4):1395-1401.

[58] ROBERT D. GROOT，Mesoscopic Simulation of Polymer-Surfactant Aggregation[J]. Langmuir，2000, 16(19):7493-7502.

[59] ROLAND E. VAN VLIET，HUUB C. J. HOEFSLOOT，PETER J. HAMERSMA，et al.. Pressure-Induced Phase Separation of Polymer-Solvent Systems with Dissipative Particle Dynamics[J]. Macromolecular Theory and Simulations，2000, 9(9):698-702.

[60] XIAORONG CAO，GUIYING XU，YIMING LI，et. al.. Aggregation of Poly(Ethylene Oxide) -Poly(Propylene Oxide) Block Copolymers in Aqueous Solution:DPD Simulation Study[J]. The Journal of Physical Chemistry，2005, 109(45):10418-10423.

[61] Pagonabarraga1, M. H. J. Hagen1, D. Frenkel. Self-Consistent Dissipative Particle Dynamics Algorithm[J]. Europhysics Letters，1998，42(4):377-382.

[62] LOWE C. P.. An Alternative Approach to Dissipative Particle Dynamics[J]. Europhysics Letters, 1999,47(2):145-151.

[63] DEN OTTER W. K, CLARKE J. H. R.. A New Algorithm for Dissipative Particle Dynamics[J]. Europhysics Letters，2001，53(4):426-431.

[64] P. NIKUNEN, M. KARTTUNEN，I. VATTULAINEN. How Would You Integrate the Equations of Motion in Dissipative Particle Dynamics Simulation[J]. Computer Physics Communications，2003，153(3):407-423.

[65] VATTULAINEN，M. KARTTUNEN，G. BESOLD，et. al.. Integration Schemes for Dissipative Particle Dynamics Simulations:From Softly Interacting Systems Towards Hydrid Models[J]. The Journal of Chemical Physics，2002，116(10):3967-3979.

[66] FLORENT GOUJON，PATRICE MA,FREUT，DOMINIC J. TILDESLEY. Dissipative Particle Dynamics Simulations in the Grand Canonical

Ensemble:Applications to Polymer Brushes[J]. ChemPhysChem，2004，5(4):457-464.

[67] R. D. GROOT. Electrostatic Interactions in Dissipative Particle Dynamics——Simulation of Polyelectrolytes and Anionic Surfactants[J].the Journal of Chemical Physics, 2003, 118(24):11265-11277.

[68] AMITESH Maiti, SIMON MCGROTHER. Bead-Bead Interaction Parameters in Dissipative Particle Dynamics:Relation to Bead-Size,Solubility Parameter,and Surface Tension[J].the Journal of Chemical Physics，2004, 120(3):1594-1601.

[69] 唐元晖, 何彦东, 王晓琳. 耗散粒子动力学及其应用的新进展[J]. 高分子通报, 2022, 25(1): 8-14.

[70] 唐梓涵, 李学进, 李德昌. 耗散粒子动力学方法在生物学领域的应用与研究进展: 从蛋白质结构到细胞力学[J]. 科学通报, 2023, 68(7): 741-761.

[71] 潘定一, 胡国辉, 陈硕. 复杂多相流体的介观模拟: 耗散粒子动力学方法及应用[J]. 力学进展, 2024, 54(1): 173-201.

[72] R. H. Gee，S. M. Roszak，L. E. Fried.Theoretical Studies of Interactions Between TATB Molecules and the Origins of Anisotropic Thermal Expansion and Growth[D]. Lawrence Livermore National Laboratory，UCRL-JC-146807，2002.

[73] M. BORN，K. Huang，Dynamical Theory of Crystal Lattices[M]. Oxford：Oxford University Press, 1954.

[74] W. G. Hoover. Canonical Dynamics:Equilibrium Phase-Space Distributions[J]. Phys. Rev. A，1985,31(3):1695-1697.

[75] 谢希德, 陆栋.固体的能带理论[M].上海:复旦大学出版社，1998.

[76] C. Lee，W. Yang，R. G. Parr.Development of the Colle-Salvetti Correlation-Energy Formula into a Functional of the Electron Density [J].Phys. Rev. B，1988，37（2），

785-789.

[77] D. Becke. Density-Functional Thermochemistry：III. The Role of Exact Exchange[J]. Chem. Phys, 1993, 98(7):5648-5652.

[78] M. A. Frisch，J. A. Pople，J. S. Binkley.Self-Consistent Molecular Orbital Methods 25. Supplementary Functions for Gaussian Basis Sets[J]. Chem. Phys，1984，80（7），3265-3269.

[79] 苏克和，魏俊，胡小铃.分子几何构型优化的系统性比较[J]. 物理化学学报，2000，16(7):643-651.

[80] 廖沐真，吴国是，刘洪霖.量子化学从头算方法[M]. 北京： 清华大学出版社，1984.

[81] 徐光宪，黎乐民，王德民.量子化学：基本原理和从头算法（中册）[M]. 北京: 科学出版社，1985.

[82] 张瑞勤，步宇翔，李述汤，等.一种选择从头算基函数的有效方法[J]. 中国科学，2000，30（5）：419-427.

[83] B. J. Ransil.Studies in Molecular Structure .IV .Potential Curve for the Interaction of Two Helium Atoms in Single-Configuration LCAO-MO-SCF Approximation.[J]. Chem. Phys，1961, (34):2109-2118.

[84] S. F. Boys，F. Bernadi.The Calculation of Small Molecular Interactions by the Differences of Separate Total Energies. Some Procedures with Reduced Errors[J]. Mol. Phys，1970，19(4):553-566.

[85] 孙业斌，惠君明，曹欣茂.军用混合炸药[M]. 北京：兵器工业出版社，1995.

[86] 孙国祥.高分子混合炸药[M]. 北京：国防工业出版社，1984.

[87] Dobratz B M. LLNL Explosives Handbook: Properties of Chemical Explosives and Explosives and Explosive Simulants[R]. Lawrence Livermore National Lab.(LLNL), Livermore, CA (United States), 1981.

[88] T. R. Gibbs，A. Popolato.LASL High Explosive Property Date[M]. California：University of California press，1980.

[89] 肖鹤鸣.硝基化合物的分子轨道理论[M]. 北京：国防工业出版社，1993.

[90] 姬广富.高能钝感炸药分子和晶体的结构和性能的理论研究[D]. 南京：南京理工大学，博士，2002.

[91] 肖继军，谷成刚，方国勇，等.TATB 基 PBX 结合能和力学性能的理论研究[J]. 化学学报，2005，63(6):439-444.

[92] 黄玉成，胡英杰，肖继军，等.TATB 基 PBX 结合能的分子动力学模拟[J]. 物理化学学报，2005，21(4):425-429.

[93] 谷成刚. TATB 基高聚物粘结炸药（PBX）配方设计的分子水平研究[D]. 南京：南京理工大学，2004.

[94] 李金山.高能材料中分子间相互作用的量子化学研究[D].南京：南京理工大学，2000.

[95] 李凡.用于 PBX 的偶联剂及聚氨酯黏结剂研究[D].成都：四川大学，2007.

[96] JAMES J. P. STEWART. Optimization of Parameters for Semiempirical Methods II. Applications[J]. J. Comput. Chem.，1989，10(2):221-264.

[97] 肖鹤鸣，李金山，董海山.高能体系分子间的相互作用研究——含 NNO2 和 NH2 混合体系[J]. 化学学报，2000，58(3):297-302.

[98] P. Hobza，H. L. Selzle，E. W. Schlag.Structure and properties of benzene containing molecular cluster[J]. Chem Rev，1994，94(7):1767-1785.

[99] D. J. Idar，S. A. Larson，C. B. Skidmore，J. R. .Wendelberger，PBX 9502 Tensile Analysis[M]. Sandia National Laboraties- Livermore, CA，LA-UR-00-4948，2000.

[100] G. Osborn，R. W. Ashcraft.The Effect of TATB Particle Size on LX-17 Properties[R]. Mason & Hanger, Silas Mason Company, Inc.，Pantex Plant report MHSMP-87-20，1987.

[101] W. G. Madden，Y. Kong，C. M. Manke，et al. Simulation of a Confined Polymer in Solution Using the Dissipative Particle Method[J]. Int. J. Thermophys, 1994, 15(6):1093-1101.

[102] G. Schlijper，P. J. Hoogerbrugge，C. W. Manke..Computer Simulations of Dilute Polymer Solutions with the Dissipative Particle Dynamics Method[J]. J. Rheol., 1995, 39(3):567-579.

[103] P. Espa~nol ，P.Warren.Statistical Mechanics of Dissipative Particle Dynamics[J]. Europhys. Lett., 1995, 30(4):191-196.

[104] P. Espa~nol, Hydrodynamics from Dissipative Particle Dynamics[J]. Phys. Rev. E, 1995, 52(2):1734-1742.

[105] R. D. Groot，P. B. Warren.Dissipative Particle Dynamics:Bridging the Gap Between Atomistic and Mesoscopic Simulation[J]. J. Chem. Phys., 1997, 107(11):4423-4435.

[106] C. Marsh.Theoretical Aspects of Dissipative Particle Dynamics[D]. Oxford: Lincoln College Theoretical Physics University of Oxford, 1998.

[107] C. A. Marsh，J. M. Yeomans.Dissipative Particle Dynamics:the Equilbrium for Finite Time Steps[J]. Europhys. Lett., 1997, 37(8):511-516.

[108] C. A. Marsh，G. Backx，M. H. Ernst.Fokker-Planck-Boltzmann Equation for Dissipative Particle Dynamics[J]. Europhys. Lett, 1997, 38(6):411-415.

[109] C. A. Marsh，G. Backx，M. H. Ernst.Static and Dynamic Properties of Dissipative Particle Dynamics[J]. Phys. Rev. E, 1997, 56(2):1676-1691.

[110] J. Masters，P. B. Warren.Kinetic Theory for Dissipative Particle Dynamics:the Importance of Collisions[J]. Europhys. Lett., 1999, 48(1):1-7.

[111] M. Serrano，P. Espa~nol，I. Z´u~niga.Collective Effects in Dissipative Particle Dynamics[J]. Comp. Phys. Comm., 1999, 121(122):306-308.

[112] P. Espa~nol，M. Serrano.Dynamical Regimes in the Dissipative Particle

Dynamics Model[J]. Phys. Rev. E，1999，59(6):6340-6347.

[113] M. S. R. Hernando.Kinetic Theory of Dissipative Particle Dynamics Models[D]. Madrid：Universidad Nacional de Educaci´on a Distancia，2002.

[114] J. B. Avalos, A. D. Mackie. Dissipative Particle Dynamics with Energy Conservation[J]. Europhys. Lett.，1997，40(2):141-146.

[115] P. Espa~nol.Dissipative Particle Dynamics with Energy Conservation[J]. Europhys. Lett., 1997, 40(6):631-636.

[116] M. Ripoll, P. Espa~nol, M. H. Ernst. Dissipative Particle Dynamics with Energy Conservation:Heat Conduction[J]. Int. J. Mod. Phys. C，1998，9(8):1329-1338.

[117] J. B. Avalos, A. D. Mackie.Dynamic and Transport Properties of Dissipative Particle Dynamics with Energy Conservation[J]. J. Chem. Phys., 1999, 111(11):5267-5276.

[118] S. M. Willemsen, T. J. H. Vlugt, H. C. J. Hoefsloot. Combining Dissipative Particle Dynamics and Monte Carlo Techniques[J]. J. Comp. Phys., 1998, 147(2):507-517.

[119] M. Venturoli, B. Smit.Simulating the Self-Assembly of Model Membranes[J]. Phys. Chem. Comm., 1999, 2(10):45-49.

[120] M. Kranenburg. Phase Transitions of Lipid Bilayers:a Mesoscopic Approach[D]. Amsterdam：Universiteit van Amsterdam, 2004.

[121] W. K. d. Otter, J. H. R. Clarke.The Temperature in Dissipative Particle Dynamics[J]. Int. J. Mod. Phys. C, 2000, 11(6):1179-1193.

[122] Pagonabarraga, M. H. J. Hagen, D. Frenkel. Self-Consistent Dissipative Particle Dynamics Algorithm[J]. Europhys. Lett., 1998, 42(4):377-382.

[123] J. B. Gibson, K. Chen, S. Chynoweth. The Equilibrium of a Velocity-Verlet

Type Algorithm for DPD with Finite Time Steps[J]. Int. J. Mod. Phys. C, 1999, 10(1):241-261.

[124] K. E. Novik, P. V. Coveney. Finite-Difference Methods for Simulation Models Incorporating Nonconservative Forces[J]. J. Chem. Phys., 1998, 109(18):7667-7677.

[125] C. P. Lowe. An Alternative Approach to Dissipative Particle Dynamics[J]. Europhys. Lett., 1999, 47(2):145-151.

[126] W. K. d. Otter, J. H. R. Clarke. A New Algorithm for Dissipative Particle Dynamics[J]. Europhys. Lett., 2001, 53(4):426-431.

[127] E. G. Flekkøy, P. V. Coveney. From Molecular Dynamics to Dissipative Particle Dynamics[J]. Phys. Rev. Lett., 1999, 83(9):1775-1778.

[128] E. G. Flekkøy, P. V. Coveney, G. d. Fabritiis. Foundations of Dissipative Particle Dynamics[J]. Phys. Rev. E, 2000, 62(22):2140-2157.

[129] G. d. Fabritiis, P. V. Coveney, E. G. Flekkøy. Multiscale Dissipative Particle Dynamics[J]. Phil. Trans. R. Soc. Lond. A, 2002, 360(1792):317-331.

[130] M. Serrano, G. d. Fabritiis, P. Espãnol. Mesoscopic Dynamics of Voronoi Fluid Particles[J]. J. Phys. A:Math. Gen., 2002, 35(7):1605-1625.

[131] P. Espãnol, M. Serrano, I. Z′u~niga. Coarse-Graining of a Fluid and Its Relation with Dissipative Particle Dynamics and Smoothed Particle Dynamics[J]. Int. J. Mod. Phys. C, 1997, 8(4):899-908.

[132] P. Espãnol. Fluid Particle Model[J]. Phys. Rev. E, 1998, 57(3):2930-2948.

[133] P. Espãnol. Dissipative particle dynamics revisited[J]. SIMU 'Challenges in molecular simulations' newsletter, 2002, (4): 59-77.

[134] P. Espãnol, M. Revenga.Smoothed Dissipative Particle Dynamics[J]. Phys. Rev. E, 2003, 67(4):26705-26716.

[135] T. Soddemann. Dissipative Particle Dynamics:A Useful Thermostat for

Equilibrium and Nonequilibrium Molecular Dynamics Simulations[J]. Phys. Rev. E, 2003, 68(44):46702-46708.

[136] P. B.Warren. Dissipative Particle Dynamics[J]. Curr. Op. Coll. Interf. Sci., 1998, 3(6):620-624.

[137] G. Schlijper, P. J. Hoogerbrugge, C. W. Manke. Computer Simulations of Dilute Polymer Solutions with the Dissipative Particle Dynamics Method[J]. J. Rheol., 1995, 39(3):567-579.

[138] G. Schlijper, C. W. Manke, W. G. Madden, et al. Computer Simulation of Non-Newtonian Fluid Rheology[J]. Int. J. Mod. Phys. C, 1997, 8(4):919-929.

[139] Y. Kong, C. W. Manke, W. G. Madden, et al. Modeling the Rheology of Polymer Solutions by Dissipative Particle Dynamics[J]. Tribology Lett., 1997, 3(1):133-138.

[140] K. E. Novik, P. C. Coveney. Using Dissipative Particle Dynamics to Model Binary Immiscible Fluids[J]. Int. J. Mod. Phys. C, 1997, 8(4):909-918.

[141] M. Venturoli, B. Smit. Simulating the Self-Assembly of Model Membranes[J]. Phys. Chem. Comm, 1999, 2(10):45-49.

[142] Dünweg, W. Paul. Brownian Dynamics Simulations Without Gaussian Random numbers[J]. Int. J. Mod. Phys. C, 1991, 2(3):817-827.

[143] S. Chandrasekhar.Stochastic Problems in Physics and Astronomy[J]. Rev. Mod. Phys, 1943, 15(1):1-89.

[144] H. Risken. The Fokker-Planck Equation[D]. Berlin:Springer-Verlag, 1984.

[145] PAGONBARRAGE, D. Frenkel. Dissipative Particle Dynamics for Interaction Systems[J]. The Journal of Chemical Physics, 2001, 115(11):5015-5026.

[146] MICHAEL P. Allen, DOMINIC J. Tildesley. Computer Simulation of

Liquids[M]. Oxford:Oxford University Press, 2017.

[147] 郑昌仁. 高聚物分子量及其分布[M]. 北京:化学工业出版社，1986.

[148] MARTIN E. C., YEE R. Y.. Effects of Surface Interactions and Mechanical Properties of PBXs(Plastic Bonded Explosives) on Explosive Sensitivity[D]. Naval Weapons Center China Lake, CA，AD-A146 368，1984.

[149]VAN VLIET RE., DREISCHOR MW., HOEFSLOOT HCJ., et al. Dynamics of Liquid-Liquid Demixing:Mesoscopic Simulations of Polymer Solutions[J]. Fluid Phase Equilibria, 2002, 201(1):67-78.

[150] S. H. Wu. Polymer interface and adhesion[D]. New York: Marcel Dekker INC, 1982.

[151] 徐庆兰. 高聚物粘结炸药包覆过程及粘结机理的初步探讨[J]. 含能材料，1993，1(2):1-5.

[152] CAREL J. VANOSS, MANOJ K. CHAUDHURY, ROBERT J. GOOD. Interfacial Lifshitz-Van Der Waals and Polar Interactions in Macroscopic Systems[J]. Chem. Rev, 1988, 88(6):927-941.

[153] 傅明源，孙酣经.聚氨酯弹性体及其应用[M]. 北京：化学工业出版社，1994.

[154] 何曼君，张红东，陈维孝，等.高分子物理[M].第 3 版.上海:复旦大学出版社.2006.

[155] 聂福德，孙杰，张凌.氟聚合物溶液对 TATB 的润湿效果研究[J]. 含能材料，2000，8(2):83-85.

[156] Khayyer A, Shimizu Y, Gotoh T, et al. Enhanced resolution of the continuity equation in explicit weakly compressible SPH simulations of incompressible free-surface fluid flows[J]. Applied Mathematical Modelling, 2023, 116: 84-121.

[157] Martínez-Estévez, I., Domínguez, J., Tagliafierro, B. et al. Coupling of an SPH-based solver with a multiphysics library[J]. Computer Physics Communications, 2023, 283：108581.

[158] Chen, Y.k., Liu, Y., Meringolo, et al. Study on the hydrodynamics of a twin floating breakwater by using SPH method[J]. Coastal Engineering, 2023, 179：104230.

[159] Sun, P., Pilloton, C., Antuono, M., et al. Inclusion of an acoustic damper term in weakly-compressible SPH models[J]. Journal of Computational Physics, 2023, 483：112056.

[160] Lyu, H.-G., Sun, P.-N., Colagrossi, A., et al. Towards SPH simulations of cavitating flows with an EoSB cavitation model[J]. Acta Mechanica Sinica, 2023, 39：722158.

[161] Antuono, M., Pilloton, C., Colagrossi, A., et al. Clone particles: A simplified technique to enforce solid boundary conditions in SPH[J]. Computer Methods in Applied Mechanics and Engineering, 2023, 409：115973.

[162] Liang, S., Chen, Z. SPH-FEM coupled simulation of SSI for conducting seismic analysis on a rectangular underground structure[J]. Bulletin of Earthquake Engineering, 2019, 17：159-180.

[163] Zhang, Z., Jin, X., Luo, W. Numerical study on the collapse behaviors of shallow tunnel faces under open-face excavation condition using mesh-free method[J]. Journal of Engineering Mechanics, 2019, 145：04019085.

[164] Wang, J., Zhang, Y., Qin, Z., et al. Analysis method of water inrush for tunnels with damaged water-resisting rock mass based on finite element method-smooth particle hydrodynamics couplin[J]. Computers and Geotechnics, 2020, 126：103725.

[165] Yin, Z.Y., Jin, Z., Kotronis, P., et al. Novel SPH SIMSAND–based approach

for modeling of granular collapse[J]. International Journal of Geomechanics, 2018, 18：04018156.

[166] Mu, D., Qu, H., Zeng, Y., et al. An improved SPH method for simulating crack propagation and coalescence in rocks with pre-existing cracks[J]. Engineering Fracture Mechanics, 2023, 282：109148.

[167] Zhang, N., Klippel, H., Afrasiabi, M., et al. Hybrid SPH-FEM solver for metal cutting simulations on the GPU including thermal contact modeling[J]. CIRP Journal of Manufacturing Science and Technology, 2023, 41：311-327.

[168] Saifi, F., Haris, M., Tahzeeb, R., et al. A coupled SPH-FEM analysis of explosion-induced blast wave pressure on thin-walled cylindrical steel liquid storage tank and corresponding structural response[J]. International Journal of Masonry Research and Innovation, 2023，230-238.

[169] 李姣. 基于光滑粒子流体动力学方法的复合材料结构数值建模方法及其应用研究[D]. 济南：山东大学, 2021.

[170] Lin, J., Naceur, H., Laksimi, A., et al. On the implementation of a nonlinear shell-based SPH method for thin multilayered structures[J]. Composite Structures, 2014, 108：905-914.

[171] 何建东. 基于 SPH 的流固耦合数值模拟方法及其 GPU 加速技术研究[D]. 北京：北京理工大学, 2018.

[172] Monaghan, J. J. Smoothed particle hydrodynamics and its diverse applications[J]. Annual Review of Fluid Mechanics, 2012, 44：323-346.

[173] Wang, Z.B., Chen, R., Wang, H., et al. An overview of smoothed particle hydrodynamics for simulating multiphase flow[J]. Applied Mathematical Modelling, 2016, 40：9625-9655.

[174] Quak, W., van den Boogaard, A. H., Huétink, J. Meshless methods and

forming processes[J]. International journal of material forming, 2009, 2: 585-588.

[175] Gray, J. P., Monaghan, J. J., Swift, R. SPH elastic dynamics[J]. Computer methods in applied mechanics and engineering, 2001, 190: 6641-6662.

[176] Pereira, G., Cleary, P., Lemiale, V. SPH method applied to compression of solid materials for a variety of loading conditions[J]. Applied Mathematical Modelling, 2017, 44: 72-90.

[177] Lucy, L. B. A numerical approach to the testing of the fission hypothesis[J]. Astronomical Journal, 1977, 82: 1013-1024.

[178] Wang, Z.X., Shen, H.S. Nonlinear dynamic response of nanotube-reinforced composite plates resting on elastic foundations in thermal environments[J]. Nonlinear Dynamics, 2012, 70: 735-754.

[179] Libersky, L. D., Petschek, A. G., Carney, T. C., et al. High strain Lagrangian hydrodynamics: a three-dimensional SPH code for dynamic material response[J]. Journal of computational physics, 1993, 109: 67-75.

[1780] Libersky, L. D., Randles, P. W., Carney, T. C., et al. Recent improvements in SPH modeling of hypervelocity impact[J]. International Journal of Impact Engineering, 1997, 20: 525-532.

[181] Randles, P., Libersky, L. D. Smoothed particle hydrodynamics: some recent improvements and applications[J]. Computer methods in applied mechanics and engineering, 1996, 139: 375-408.

[182] Chen, J., Beraun, J., Carney, T. A corrective smoothed particle method for boundary value problems in heat conduction[J]. International Journal for Numerical Methods in Engineering, 1999, 46: 231-252.

[183] Chen, J., Beraun, J. A generalized smoothed particle hydrodynamics method for nonlinear dynamic problems[J]. Computer Methods in Applied Mechanics and Engineering, 2000, 190: 225-239.

[184] Liu, M., Liu, G.R. Restoring particle consistency in smoothed particle hydrodynamics[J]. Applied numerical mathematics, 2006, 56：19-36.

[185] Monaghan, J. J., Gingold, R. A. Shock simulation by the particle method SPH[J]. Journal of computational physics, 1983, 52：374-389.

[186] Monaghan, J. J., Lattanzio, J. C. A refined particle method for astrophysical problems[J]. Astronomy and Astrophysics, 1985, 149(1)：135-143.

[187] Noh, W. F. Errors for calculations of strong shocks using an artificial viscosity and an artificial heat flux[J]. Journal of Computational Physics, 1987, 72：78-120.

[188] Monaghan, J. Heat conduction with discontinuous conductivity[J]. Applied Mathematics Reports and Preprints, 1995, 95：7.

[189] Monaghan, J. J. An introduction to SPH[J]. Computer physics communications, 1988, 48：89-96.

[190] Monaghan, J. J. Smoothed particle hydrodynamics[J]. Annual review of astronomy and astrophysics, 1992, 30：543-574.

[191] 强洪夫, 刘开, 陈福振. 基于 SPH 方法的剪切流驱动液滴在固体表面变形运动数值模拟研究[J]. 工程力学, 2013, 30(11): 286-292.

[192] Dyka, C. T., Ingel, R. P. An approach for tension instability in smoothed particle hydrodynamics (SPH)[J]. Computers & structures, 1995, 57：573-580.

[193] Monaghan, J. J. Simulating free surface flows with SPH[J]. Journal of computational physics, 1994, 110：399-406.

[194] Libersky, L. D., Petschek, A. G., Carney, T. C.,et al. High strain Lagrangian hydrodynamics: a three-dimensional SPH code for dynamic material response[J]. Journal of computational physics, 1993, 109：67-75.

[195] Liu, G. R., Gu, Y. T. A local point interpolation method for stress analysis

of two-dimensional solids[J]. Structural engineering and mechanics: An international journal, 2001, 11: 221-236.

[196] Liu, M. B., Liu, G. R., Lam, K. Y. Investigations into water mitigation using a meshless particle method[J]. Shock waves, 2002, 12: 181-195.

[197] Liu, M., Shao, J., Chang, J. On the treatment of solid boundary in smoothed particle hydrodynamics[J]. Science China Technological Sciences, 2012, 55: 244-254.

[198] Monaghan, J. J. Simulating free surface flows with SPH[J]. Journal of computational physics, 1994, 110: 399-406.

[199] Colagrossi, A., Landrini, M. Numerical simulation of interfacial flows by smoothed particle hydrodynamics[J]. Journal of computational physics, 2003, 191: 448-475.

[200] Grenier, N., Antuono, M., Colagrossi, A., et al. An Hamiltonian interface SPH formulation for multi-fluid and free surface flows[J]. Journal of Computational Physics, 2009, 228: 8380-8393.

[201] Sun, P. N, Colagrossi, A., Marrone, S., et al. The δplus-SPH model: Simple procedures for a further improvement of the SPH scheme[J]. Computer Methods in Applied Mechanics and Engineering, 2017, 315: 25-49.

[202] Attaway, S. W., Heinstein, M. W., Swegle, J. W. Coupling of smooth particle hydrodynamics with the finite element method[J]. Nuclear engineering and design, 1994, 150: 199-205.

[203] Johnson, G. R. Linking of Lagrangian particle methods to standard finite element methods for high velocity impact computations[J]. Nuclear Engineering and Design, 1994, 150: 265-274.

[204] Zhang, Z., Qiang, H. A hybrid particle-finite element method for impact dynamics[J]. Nuclear engineering and design, 2011, 241: 4825-4834.

[205] Sun, X., Sakai, M., Yamada, Y. Three-dimensional simulation of a solid–liquid flow by the DEM–SPH method[J]. Journal of Computational Physics, 2013, 248：147-176.

[206] 陈福振, 强洪夫, 高巍然. 风沙运动问题的 SPH-FVM 耦合方法数值模拟研究[J]. 物理学报, 2014, 63：14-26.

[207] 陈福振, 强洪夫, 高巍然, 等. 固体火箭发动机内气粒两相流动的 SPH-FVM 耦合方法数值模拟[J]. 推进技术, 2015, 36：175-185.

[208] Liu, M., Liu, G. Smoothed particle hydrodynamics (SPH): an overview and recent developments[J]. Archives of computational methods in engineering, 2010, 17：25-76.

209] Segurado, J., Llorca, J. Simulation of the deformation of polycrystalline nanostructured Ti by computational homogenization[J]. Computational Materials Science, 2013, 76：3-11.

[210] 梁迎春, 盆洪民, 白清顺, 等. 基于桥域理论的 Cu 单晶纳米切削跨尺度仿真研究[J]. 物理学报, 2011, 60：30-35.

[211] Xiao, S., Hou, W. Studies of nanotube-based aluminum composites using the bridging domain coupling method[J]. International journal for multiscale computational engineering, 2007：5-6.

[212] Tu, F., Jiao, Y., Chen, Z., et al. Stress continuity in DEM-FEM multiscale coupling based on the generalized bridging domain method[J]. Applied Mathematical Modelling, 2020, 83：220-236.

[213] Huang, Q., Kuang, Z., Hu, H., et al. Multiscale analysis of membrane instability by using the Arlequin method[J]. International Journal of Solids and Structures, 2019, 162：60-75.

[214] Cheng, C., Xie, X., Yu, W. Investigation of the fatigue stress of orthotropic steel decks based on an arch bridge with the application of the Arlequin

method[J]. Materials, 2021, 14: 7653.

[215] Sun, W., Bao, S., Zhou, J., et al. Concurrent multiscale analysis of anti-seepage structures in embankment dam based on the nonlinear Arlequin method[J]. Engineering Analysis with Boundary Elements, 2023, 149: 231-247.

[216] Li, M., Yu, H., Wang, J., et al. A multiscale coupling approach between discrete element method and finite difference method for dynamic analysis[J]. International Journal for Numerical Methods in Engineering, 2015, 102: 1-21.

[217] Dhia, H. B. Multiscale mechanical problems: the Arlequin method[J]. Comptes Rendus de l'Academie des Sciences Series IIB Mechanics Physics Astronomy, 1998, 12: 899-904.

[218] Hu, H., Belouettar, S., Potier-Ferry, M., et al. Multi-scale nonlinear modelling of sandwich structures using the Arlequin method[J]. Composite structures, 2010, 92: 515-522.

[219] Hu, H., Damil, N., Potier-Ferry, M. A bridging technique to analyze the influence of boundary conditions on instability patterns[J]. Journal of computational physics, 2011, 230: 3753-3764.

[220] Yu, K., Hu, H., Chen, S., et al. Multi-scale techniques to analyze instabilities in sandwich structures[J]. Composite Structures, 2013, 96: 751-762.

[221] Huang, Q., Liu, Y., Hu, H., et al. A Fourier-related double scale analysis on the instability phenomena of sandwich plates[J]. Computer Methods in Applied Mechanics and Engineering, 2017, 318: 270-295.

[222] He, Q., Hu, H., Belouettar, S., Guinta, G., et al. Multi-scale modelling of sandwich structures using hierarchical kinematics[J]. Composite structures, 2011, 93: 2375-2383.

[223] Biscani, F., Giunta, G., Belouettar, S., et al. Variable kinematic plate elements coupled via Arlequin method[J]. International Journal for Numerical Methods in Engineering, 2012, 91: 1264-1290.

[224] Biscani, F., Giunta, G., Belouettar, S., et al. Mixed-dimensional modeling by means of solid and higher-order multi-layered plate finite elements[J]. Mechanics of Advanced Materials and Structures, 2016, 23: 960-970.

[225] Kpogan, K., Tampango, Y., Zahrouni, H., et al. Computing flatness defects in sheet rolling by Arlequin and Asymptotic Numerical Methods[J]. Key Engineering Materials, 2014, 611: 186-193.

[226] Kpogan, K., Zahrouni, H., Potier-Ferry, M., et al. Buckling of rolled thin sheets under residual stresses by ANM and Arlequin method[J]. International Journal of Material Forming, 2017, 10: 389-404.

[227] Qiao, H., Yang, Q., Chen, W.,et al. Implementation of the Arlequin method into ABAQUS: Basic formulations and applications[J]. Advances in Engineering Software, 2011, 42: 197-207.

[228] Xiao, S., Belytschko, T. A bridging domain method for coupling continua with molecular dynamics[J]. Computer methods in applied mechanics and engineering, 2004, 193: 1645-1669.

[229]Bauman, P. T., Dhia, H. B., Elkhodja, N., et al. On the application of the Arlequin method to the coupling of particle and continuum models[J]. Computational mechanics, 2008, 42: 511-530.

[230] Prudhomme S., Bouclier R., Chamoin L., et al. Analysis of an averaging operator for atomic-to-continuum coupling methods by the Arlequin approach[J]. LECTURE NOTES IN COMPUTATIONAL SCIENCE AND ENGINEERING, 2012,82(1):369-400.

[231] Engquist B., Runborg O., Tsai Y.. Numerical Analysis of Multiscale

Computations: Proceedings of a Winter Workshop at the Banff International Research Station 2009. Springer Berlin Heidelberg, 2012: 369-400.

[232] Tampango Y., Potier Ferry M., Koutsawa Y., et al. Coupling of polynomial approximations with application to a boundary meshless method[J]. International journal for numerical methods in engineering, 2013, 95:1094-1112.

[233] Ghanem A., Mahjoubi M., Baranger T., et al. Arlequin framework for multi-model, multi-time scale and heterogeneous time integrators for structural transient dynamics[J]. Computer Methods in Applied Mechanical Engineering, 2013, 254:292-308.

[234] Dhia H. B., Jamond O. On the use of XFEM within the Arlequin framework for the simulation of crack propagation[J]. Computer methods in applied mechanics and engineering, 2010, 199:1403-1414.

[235] 刘健. 桥域多尺度方法的数据驱动研究[D].武汉：武汉大学, 2019.

[236] 李明广, 禹海涛, 王建华, 等. 离散-连续多尺度桥域耦合动力分析方法[J]. 工程力学, 2015, 32 (06)：92-98.

[235] 桂军敏, 倪玉山. 纳米 Cu 薄膜摩擦的桥域多尺度模拟分析[J]. 中国有色金属学报, 2018, 28 (11):2305-2312.